AF365737

Geomarketing

Geolocalización, redes sociales y turismo

Gersón Beltrán López

Dedicado a todos aquellos que luchan día a día por sacar adelante sus proyectos.

Mi agradecimiento a Territorio Creativo y a Movistar por la oportunidad de llegar a los negocios y ayudarles a mejorar su geolocalización en Internet.

Introducción...15

5 claves para usar la geolocalización en tu empresa turística.......21

La larga cola de la geolocalización................................27

Geomarketing y redes sociales, como obtener y usar datos para tu negocio...31

Cómo gestionar la reputación online de tu negocio con la geolocalización social...37

El geoposicionamiento emocional para hacer negocios............43

Cuidado con la privacidad y la geolocalización......................49

Facebook y la geolocalización social: las cinco estrellas...........57

Cómo usar Twitter y su geolocalización en mi negocio...........63

Foursquare, la geolocalización social de tu negocio................69

Swarm, la nueva geolocalización de Foursquare....................75

Cómo funciona Swarm, la nueva geolocalización social..........81

Yelp, la importancia de una comunidad en tu negocio............87

Place Pins, la nueva geolocalización de Pinterest...................93

Cómo usar los códigos QR en tu negocio.............................97

Cómo usar la Realidad Aumentada con tu negocio................103

Cómo hacer un mapa para tu negocio.................................109

Una 'mapping party' para geolocalizar tu negocio.................115

La geolocalización atrae clientes: el caso de la Jamonería........119

Todo Google

Cómo ayuda la geolocalización al posicionamiento de tu negocio
en Google..127

Tu negocio en Google con 'Places para empresas'................133

Cómo usar Google Local para posicionar tu empresa............139

Cómo poner anuncios geolocalizados de tu negocio..............145

16 servicios de Google con geolocalización.........................149

Google Hotel Finder: imprescindible para tu hotel...............155

Google, la incesante búsqueda del mapa perfecto.................161

Google, las nuevas herramientas de virtualización................167

14 consejos para optimizar las búsquedas locales de tu negocio en
Google..171

Ya está aquí el nuevo Google Maps para tu negocio................177

Ha llegado Google My Business para tu negocio...................183

Los tres perfiles de Google Plus...................191

TURISMO Y SOCIAL MEDIA

Las seis claves de la distribución turística...................201

Los 7 procesos de viaje del turista (I)...................207

Los 7 procesos de viaje del turista (II)...................211

10 acciones para posicionar tu destino turístico en Internet (I) 217

10 acciones para posicionar tu destino turístico en Internet (II) 223

Cómo crear rutas turísticas 'online' en tu negocio...................227

Hay un blogtrip en mi ciudad ¿cómo lo aprovecho?...................233

Tendencias y fuentes de información 2014

Nuevas tecnologías para tu negocio en 2014...................241

14 tendencias de la geolocalización para 2014...................247

7 modelos de negocio para distribuir tus contenidos en Internet...
...................253

15 libros de geolocalización y turismo recomendados para tu
negocio...................257

Las 20 apps turísticas más descargadas............................265

10 webs recomendadas sobre geolocalización.....................273

Mi nombre es **Gersón Beltrán**, soy geógrafo de profesión, trabajo como formador y consultor y estoy especializado en la geolocalización, las redes sociales y el turismo.

Este ebook está basado en la serie de artículos publicados por mi en el blog www.contunegocio.es durante el año transcurrido entre abril de 2013 y junio de 2014, en el que se ha realizado un acercamiento a las posibilidades de la geolocalización y las redes sociales en los negocios.

Todo ello desde un punto de vista aplicado y explicado de forma sencilla para que cualquier negocio pueda aplicar diversas estrategias y técnicas en su presencia en Internet que le ayude a mejorar su negocio.

Puedes saber más sobre este tema en mi libro "Geolocalización y Redes Sociales: un mundo social, local y móvil"_o bien a través de mi página web http://gersonbeltran.com

http://www.valenciaplaza.com/ver/131212/geolocalizacion-
startups.html

La geolocalización es la forma que tenemos de situar objetos o personas en el territorio mediante unas coordenadas de latitud, longitud y altura, quedando plasmada en un mapa. Pero con la llegada de Internet la geolocalización ha cobrado un nuevo impulso y se ha convertido en una herramienta imprescindible para los negocios.

La geolocalización en Internet es una herramienta de comunicación entre la oferta y la demanda en un mundo que llamamos SoLoMo (Social, Local y Móvil): diariamente se genera una cantidad ingente de información (que no calidad), compartida a través de las redes sociales, con un componente local y a través de los móviles desde cualquier sitio.

Los negocios que quieran utilizarla deben tener en cuanto una serie de aspectos básicos para sacarle provecho:

1.- Definir objetivos

Una empresa necesita tener claro sus objetivos dentro de su modelo de negocio. Si atendemos al denominado ciclo comercial podríamos hablar de cuatro fases en el proceso de compra y en los que la geolocalización puede ser muy útil:

Planificación: la geolocalización nos ayuda a identificar dónde queremos vender nuestros productos, dónde están nuestros clientes y dónde localizar nuestra empresa en el territorio.

Gestión: la geosocialización es el concepto que une geolocalización y redes sociales y nos ayuda a interactuar con los clientes a través de las redes sociales teniendo en cuenta dónde se encuentran éstos.

Promoción: el geomarketing es el uso de las herramientas de marketing haciendo énfasis en dónde se promocionan nuestros productos o servicios y dónde podemos encontrar nuevos clientes y nichos de mercado.

Comercialización: geocommerce es de los elementos con más potencial, se trata de lograr ventas a tiempo real en función de la cercanía del cliente a nuestra tienda a través de su móvil.

2.- Seleccionar herramientas

Las herramientas de geolocalización social más utilizadas hoy en día nos permiten generar esas conversaciones con los usuarios:

Facebook: la red social más popular, si nuestro negocio tiene una dirección física hay que ponerla y nos aparecerá debajo del banner las estrellas que indican la puntuación que otorgan los usuarios al negocio, así como la valoración cualitativa a través de su opinión.

Twitter: si tenemos una cuenta de Twitter podemos indicar dónde ha sido creado y tener activada la geolocalización de los tuits por defecto, de forma que cada vez que tuiteemos ofrezcamos una información espacial.

Google Plus/Google Places/Google Local: pese a las críticas por su "supuesto" poco uso se trata de la red social de Google y él pone las reglas del juego. Además de tener una página en Google Plus debemos dar de alta la empresa en Google Places y verificarla como empresa, de forma que aparecerá como empresa local en Google Plus. Para entendernos es como tener la marca (la página) y la empresa (el lugar) en esta red social.

Foursquare/Swarm/Yelp: se trata de herramientas más minoritarias pero más centradas en los usuarios más activos en hacer check-ins. Es básico para la empresa tener el alta en Foursquare como página y como lugar reclamado, igualmente Yelp permite tener páginas para interactuar como negocio local.

3.- Obtener ventajas

El uso de la geolocalización nos aportará numerosas ventajas a todos los niveles en Google, por ejemplo:

Posicionamiento Natural (SEO): cuanto más usemos la geolocalización mejor nos posicionaremos de forma natural en el buscador Google.

Posicionamiento de pago (SEM): podemos pagar con herramientas específicas como Google Adwords Express, que emite anuncios a 65 kms alrededor de nuestro negocio.

Posicionamiento por Redes Sociales (SMM): el hecho de hacer check-ing y conversar en redes sociales también otorga mucha relevancia a nuestra marca

Posicionamiento por geolocalización (GEO): con el alta en Google Places y haciendo que la gente puntúe y valore nuestro negocio nos dará más relevancia en Google Maps, en Google Local y en el buscador Google.

4.- Consejos para aprovecharlo

Vamos a resumir todo esto en una serie de consejos útiles para que los negocios usen la geolocalización mediante herramientas gratuitas en Internet:

a) Geolocaliza tu empresa:

Si tienes una dirección tienes que darla de alta en Google Places y después usar Google Local para que sea empresa local verificada

Si tu negocio es online lo que puedes hacer es llevar tu marca allá donde estés haciendo check-ins en los sitios relevantes que visites.

Pon un mapa "embebido" en tu web usando la localización de Google Maps para que sepan llegar a tu negocio.

b) Ofrece información de la empresa

Ofrece información de la dirección de tu negocio en todas las redes que puedas: Facebook, Twitter, Google Plus, Foursquare, Swarm, Yelp, Pinterest, Instagram, Youtube, Flickr, etc.

c) Genera contenidos geolocalizados

Cuando crees contenidos incorpora siempre alguna referencia

espacial, de un sitio o lugar, mostrando dónde se generan esos contenidos o a qué se refieren. Puedes hacer mediante un enlace, poniendo un mapa o haciendo un check-ing.

d) Genera conversación

Las herramientas de geolocalización social nos permite generar conversaciones como si fuera un red social "habitual", si alguien te dice algo responde siempre, es cuestión de educación, e intenta interactuar con los usuarios.

e) Haz promociones

Algunas herramientas como Google Adwords Express, Foursquare, Facebook o Yelp nos permite hacer promociones para potenciales clientes en función de la localización del negocio.

f) Analiza a tu audiencia

Todas estas herramientas disponen de estadísticas de uso gratuitas, es básico analizar cómo se comporta el usuario y sobre eso variar la estrategia o reforzarla, lo que no se mide no se puede mejorar.

Nota: este artículo salió publicado en Valencia Plaza hablando del uso de geolocalización para emprendedores y el texto se ha adaptado a negocios para introducir este libro.

http://www.contunegocio.es/marketing/5-claves-para-usar-la-geolocalizacion-en-tu-empresa-turistica/

El turismo siempre ha estado asociado a la geolocalización, de hecho una empresa turística no tiene sentido si no se emplaza en un lugar determinado, si no tiene un entorno al que llamamos destino, si no existen unas vías de comunicación que permitan desplazarse al turista, **el** turismo **es movimiento y el movimiento implica geolocalización.**

Las empresas turísticas se enfrentan cada vez más a una competencia a nivel global y tienen que diferenciarse para poder competir en este mercado, para ello disponen de numerosas **herramientas gratuitas en Internet** que pueden utilizarse para mejorar el modelo de negocio y por tanto mejorar el proceso de venta de los servicios o productos.

A continuación mostramos **cinco claves** que van a permitir sobre todo a **pymes turísticas** mejorar su visibilidad mediante el uso de herramientas de geolocalización:

1.- El mapa: en toda página web hay un mapa de alguna forma, pero muchas veces este mapa es estático, se trata de una fotografía o una infografía a veces sin ni siquiera etiquetar.

¿Por qué no utilizar un mapa que se pueda enlazar (linkar) o incrustar en la página web (embeber)?

De esta forma Google lo encontrará más fácilmente y ayudará a los motores de búsqueda y por tanto **mejorará el posicionamiento natural (SEO)** de tu negocio. Además si utilizas una herramienta como "Crear Mapa" de Google Maps se puede valorar este mapa, compartir en las redes sociales y contabilizar las visitas.

2.- La geolocalización social: cada vez es más importante conectarse con el mundo a través de las redes sociales, muchas veces utilizamos herramientas como Facebook o Twitter pero sin tener en cuenta las posibilidades para la geolocalización.

¿Sabías que puedes compartir tu ubicación utilizando Facebook Places? ¿O que puedes poner por defecto desde dónde lanzas tus tweets activando la geolocalización por defecto en Twitter?.

De esta forma cada vez que realices algunas acción desde tu empresa estarás **indicando dónde se encuentra** la misma, no sólo el emplazamiento sino también el entorno en el que se inserta y por tanto será más fácil para el potencial cliente recordar dónde está.

3.- La reputación online: además de las redes sociales generalistas existen otras más concretas como Foursquare o Yelp que unen la geolocalización mediante checkins con las conexión en las redes sociales.

¿Sabías que estas herramientas afectan directamente a tu reputación online y puedes responder a tus clientes?

De esta forma cada vez que un cliente haga checking en tu establecimiento o ponga un comentario podremos agradecérselo o bien responderle educadamente, no sólo estamos logrando una **atención al cliente** vinculada directamente con nuestro sitio sino que además estamos gestionando **nuestra reputación online** y podemos utilizar al **cliente de consultor,** porque nos va a decir qué destaca y qué critica de nuestra empresa para poder mejorar.

4.- Las fotografías: el turismo son imágenes y las fotografías son básicas para "vender" el destino donde se inserta nuestro negocio turístico.

¿Sabías que puedes geolocalizar la mayoría de las fotografías para que la gente no sólo las disfrute sino que sepa dónde se encuentran?

De esta forma estamos vinculando imágenes y recuerdos visuales a nuestra empresa. Puedes geolocalizar fotos en **Flickr**, la plataforma de Yahoo, pero también puedes hacerlo en **Panoramio**, de Google, con **Instagram** e incluso ahora puedes hacerlo con las fotografías de **Google +**.

5.- Los datos: hoy en día una de las claves es saber dónde está la información y filtrarla para generar datos que nos ayuden en nuestra toma de decisiones diaria, es lo que se denomina Big Data.

¿Sabías que con las herramientas de geolocalización puedes obtener multitud de datos útiles geolocalizados?

De esta forma podemos saber el tiempo que hace o el estado del tráfico a tiempo real con las capas de **Google Maps**, pero también podemos ver las rutas más interesantes nuestro alrededor con la capa de **Wikiloc en Google Earth**, saber qué personas hay en nuestro entorno mediante la monitorización del hastag de nuestro destino en **Twitter**, conocer los establecimientos y sus promociones en **Foursquare**, e incluso saber quien usa nuestros **códigos QR** mediante Google Analytics.

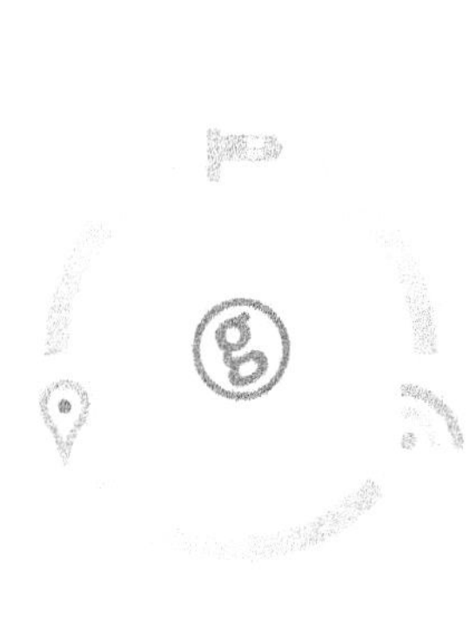

http://www.contunegocio.es/marketing/la-larga-cola-de-la-geolocalizacion/

Long tail o "larga cola" es el nombre coloquial para una característica de las distribuciones estadísticas (Zipf, Ley de potencias, distribuciones de Pareto y, en general, distribuciones de Lévy). En Internet se suele utilizar a la hora de hablar de las palabras clave que afectan al posicionamiento natural o SEO, pero en este caso hablaremos desde otro punto de vista, que ya fue tratado en este blog en el artículo "*Long tail: rentabilizar productos raros*", aunque aplicado a la geolocalización.

Básicamente se trata de mostrar que en los negocios hay unos pocos productos que abarcan la mayor parte del mercado y luego multitud de pequeños negocios que se reparten en el resto del mercado. De esta forma, podemos hablar de dos **tipos de mercado** muy distintos aunque complementarios:

1. **El mercado de masas:** centrado en el alto rendimiento de pocos productos y que, según algunos expertos, ya se está quedando atrás.

2. **El nicho de mercados:** se basa en la suma o acumulación de todas las pequeñas ventas de muchos productos, que pueden igualar o superar al primero.

Pues bien, en este *post* me gustaría reflexionar sobre este concepto, pero unido a la geolocalización, lo que nos permitirá entender qué utilidad puede tener usarla en nuestro negocio de forma estratégica, mas allá de *check-in* y demás acciones.

Una de las preguntas que más se hacen los negocios es para qué sirve la geolocalización y yo siempre respondo que depende del objetivo. Es una herramienta y, por tanto, está al servicio del objetivo que se persiga. En este sentido, planteo **la geolocalización como parte de la "larga cola"**, es decir, a menos que haya algo muy concreto para usarla, lo interesante es que aporta un valor añadido y diferencial que puede ayudar a cubrir partes de esa larga cola, de forma que mejore la competitividad del negocio.

Así, propongo una serie de **acciones muy sencillas** que nos van a ayudar a mejorar nuestro negocio, a utilizar la perspectiva espacial como una forma de mejorar y, como hablamos de la larga cola, la suma de esas sencillas acciones puede ser tan importante como una gran acción centrada en un solo segmento del mercado.

- **El mapa web:** ¿Tienes un mapa en tu web?, ¿es una imagen? Utiliza el código HTML para integrarlo y de esta forma indexará mucho mejor.

- **Las fotografías y los vídeos:** ¿Haces fotos y las publicas en Internet en Flickr, Pinterest o Instagram? ¿Grabas vídeos en tu canal Youtube? Utiliza la geolocalización para decir dónde se ha tomado la foto o vídeo y ayudarás a que te encuentren a escala local.

- **Las redes sociales:** ¿Usas las redes sociales para comunicarte con tus clientes? ¿Tienes tu negocio geolocalizado? Pon la dirección física y la ciudad del negocio en Facebook, Twitter y Google Plus.

- **Los mapas colaborativos:** ¿Tienes una comunidad activa? Utiliza mapas colaborativos como Ikimap u Openstreetmap, para que participen geolocalizando lo que quieras alrededor de tu negocio.

- **Google Places:** ¿Tienes un negocio físico a pie de calle? Busca en Google la palabra Places, pon tu teléfono y averigua si estás dado de alta y, si no lo estás, sigue las instrucciones para poder controlar esta importante herramienta.

- **La reputación** *online*: ¿Tienes clientes? Entonces seguro que hablan de ti en Internet. Busca qué están diciendo en herramientas como Foursquare, Yelp, Google Local o Tripadvisor y responde a todos los comentarios, sean positivos o negativos.

- **Los datos:** ¿Sabes cómo se comportan los clientes? ¿Se te ha ocurrido analizar lo que hacen? Utiliza todas las herramientas anteriores para obtener datos sobre ellos que te ayuden a tomar decisiones en tu negocio.

http://www.contunegocio.es/marketing/geomarketing-redes-
sociales-como-obtener-usar-datos-negocio/

Tim Berners Lee dijo que **"los datos son la nueva materia prima del siglo XXI"** y no se equivocaba. Desde hace algún tiempo estamos oyendo hablar del concepto de **"Big Data"** asociado al ingente volumen de información que circula por Internet, algo que también se relaciona con el término **"infoxicación"** o "intoxicación de información". Hay millones de datos diariamente en Internet y hay que saber filtrarlos y ordenarlos.

Facebook es una plataforma gratuita porque la información de los usuarios bien segmentada es una fuente de datos muy apetecible para las empresas, **Google** gestiona los datos que le cedemos para la publicidad, que es su principal fuente de ingresos, **Apple** se ha centrado en un segmento de mercado muy específico, **Microsoft** sigue obteniendo información a través de Bing, etc.

La geolocalización social es la unión de las técnicas de geolocalización con el uso de las redes sociales. También podríamos hablar de la vinculación entre las redes sociales y el aspecto local, es decir, el **"dónde"** cobra una importancia básica para el usuario.

Uno de los elemento más importantes en las herramientas de geolocalización social es que permite obtener numerosos datos de los usuarios que, bien analizados y gestionados, nos establece unos perfiles determinados a los que ofrecer nuestros productos y servicios.

Cuando hablamos de geolocalización social podemos identificar tres elementos:

Oferta: las empresas pueden usar esta técnica con diversos objetivos:

- Análisis de mercado del cliente
- Promoción de la marca
- Venta directa por localización
- Reputación online
- Posicionamiento natural o SEO

Demanda: los usuarios pueden usar la geolocalización para:

- Indicar dónde se encuentran
- Generar opiniones de los lugares
- Lograr promociones
- Obtener descuentos en compras
- Competir (geogamificación)

Herramientas: la geolocalización se configura aquí como una herramienta de comunicación en la que une la oferta y la demanda a través de:

- Google Local
- Foursquare
- Yelp
- Facebook Places

Por tanto uno de los elementos más importantes es la información que podemos obtener del uso de la geolocalización social como usuarios de la misma, la importancia de los datos, que serán la base para el análisis de la situación y permiten conocer mucho mejor a los usuarios o los comportamientos, de forma que pueda ajustarse mucho más la comunicación entre ambos.

El **método** de acceso a estas estadísticas es siempre el mismo:

Paso 1: para obtener estadísticas de una empresa en las

herramientas de geolocalización social es necesario estar dado de alta en la herramienta como usuario y, posteriormente, haber reclamado el negocio.

Paso 2: introducir los datos en la plataforma y darlos de alta para que sean públicos

Paso 3: tener acceso a las estadísticas

Paso 4: para cada herramienta dispondremos de las siguientes estadísticas

Google Local:

- Gráfico de actividad
- Totales (impresiones y clicks)
- Búsquedas más populares

Foursquare:

- Check-ins en tu lugar
- Clientes únicos en tu lugar
- Visitantes destacados
- Specials: visitas y desbloqueos

Yelp:

- Visitas de los usuarios
- Movimientos detallados de los usuarios

Facebook Places:

- Me Gusta

- Personas hablando de esto

- Personas que estuvieron aquí

¿ Y qué hago con todos estos datos? Pues como siempre dependerá de que definas los objetivos:

- Análisis de mercado del cliente

- Promoción de la marca

- Venta directa por localización

- Reputación online

- Posicionamiento natural o SEO

Pero también de la fase en la que te centres:

- **Planificación:** es la fase previa donde tienes que plantearte los objetivos a alcanzar, establecer objetivos, unas métricas que te permitan medirlos , las herramientas que usarás y la metodología, es decir, cómo lo harás. Los datos te servirán para analizar el mercado y básicamente saber tres cosas:

  a) Dónde están mis clientes actualmente

  b) Dónde puedo localizar clientes potenciales

  c) Cómo puedo acceder a ellos

- **Dinamización:** es la fase a tiempo real donde estás gestionando las redes sociales y tienes la posibilidad de promocionar tus servicios y/o productos en función de dónde están los clientes, para ello no te olvides de conectar el folien y el online, haz que los clientes hagan checking en tu negocio

- **Monitorización:** es la fase posterior donde tienes que medir los resultados de tu estrategia. ¿Realmente ha funcionado?¿He alcanzado los objetivos propuestos? Para ello puedes acceder a las estadísticas de las herramientas utilizadas y ver el grado de uso, la intensidad, la frecuencia, etc.

http://www.contunegocio.es/marketing/como-gestionar-la-reputacion-online-de-tu-negocio-con-la-geolocalizacion-social/

Dicen que la reputación online es lo que otro dicen de ti cuando no estás delante. Las empresas turísticas están expuesta a todos tipo de comentarios en Internet que pueden generar una crisis en cualquier momento si no se sabe gestionar adecuadamente.

Pero para poder **gestionar la reputación de tu empresa turística** lo primero que necesitas es saber dónde se están produciendo esos comentarios. En este artículo vamos a hablar de 5 herramientas de geolocalización social y cómo influyen en la reputación online de un negocio: Google Local, Foursquare, Yelp, Facebook Places y Twitter.

Según la "Guía para usuarios: identidad digital y reputación online" de Inteco, *"la identidad digital, por tanto, puede ser definida como el conjunto de la información sobre un individuo o una organización expuesta en Internet (...) que conforma una descripción de dicha persona en el plano digital"*, mientras que *"la reputación online es la opinión o consideración social que otros usuarios tienen de la vivencia online de una persona o de una organización"*.

La geolocalización social o geosocialización el uso de las herramientas de geolocalización unida a las redes sociales , de forma que se convierte en una herramienta de comunicación entre la oferta (los negocios con una dirección física) y la demanda (los clientes y/o turistas en su caso).

El hecho de hacer un checking implica que el usuario está vinculando el lugar físico donde se encuentra, lo local, con el espacio digital, lo global, a través de Internet y los servicios de "la nube". El usuario de la geolocalización social no sólo dice dónde está sino que indica si le gusta dicho sitio y opina sobre él, lo que afecta directamente a la reputación online del negocio.

Las principales herramientas de geolocalización social son 5:

1.- Google Local

2.- Foursquare

3.- Yelp

4.- Facebook Places

5.- Twitter

Por tanto vamos a establecer los **cuatro pasos** con los que la empresa turística pueda empezar a trabajar con su reputación online:

1.- Lo **primero** que hay que hacer es **identificar si se está hablando de nuestra empresa** en los distintos canales de geolocalización.

Para ello entraremos en éstas y en el buscador pondremos el nombre de nuestra empresa para comprobarlo.

2.- Lo **segundo** que debe hacer una empresa turística es **abrir canales online** para conformar su propia identidad digital con las herramientas de geolocalización, es decir, generar información controlada y "oficial" sobre la empresa.

Para ello entraremos en cada una de nuestras herramientas y daremos de alta a nuestra empresa.

Hay que tener en cuenta que al dar de alta la empresa tenemos tres opciones:

- **Personas:** se abrirá el perfil o bien de la empresa o, a ser posible, de la persona que va a gestionar las redes.
- **Páginas:** se abrirá una página de la empresa con un banner corporativo a modo de "escaparate", aunque puede interactuar no suelen ser muy activas
- **Lugares:** son los espacios con mayor interacción, en este caso, habrá que identificar si existe algún lugar para reclamarlo o, en su defecto, abrir nuevos lugares.

3.- Lo **tercero** será **incorporar información de la empresa** en diversos formatos.

Para ello hay que rellenar toda la información posible:

- Un texto que presente a la empresa
- Una foto corporativa a modo de avatar
- Fotos de la empresa o sus productos o servicios
- Enlaces a otras redes sociales

4.- Lo **cuarto** será **identificar los comentarios** que se han generado sobre nuestra empresa y responderlos.

Para ello daremos un Me Gusta o similar en los comentarios positivos y contestaremos de forma educada a los negativos y neutros.

http://www.contunegocio.es/tecnologia/el-geoposicionamiento-emocional-para-hacer-negocios/

La **geolocalización** o geoposicionamiento es el neologismo con el que se define la localización en un punto concreto en un sistema de tres coordenadas sobre un mapa: latitud, longitud y altura. Por tanto, no es nada nuevo, hace mucho tiempo que se utiliza esta herramienta, pero lo que sí ha sido una novedad es el cambio que se ha producido a raíz del nacimiento y desarrollo de Internet y de los dispositivos móviles.

Por otra parte, existe una disciplina denominada **neuromarketing,** que proviene de la neurociencia que asegura que la mayor parte de nuestras decisiones son emocionales y, por tanto, no se basan en criterios puramente racionales u objetivos. A partir de aquí se analizan las reacciones de las personas a determinados estímulos, de forma que conociéndolas podamos acercarnos más a sus necesidades.

El geoposicionamiento emocional es un concepto "inventado", con el que trato de unir ambas cosas, para explicar el uso de la geolocalización teniendo en cuenta elementos emocionales y que puedan ser útiles para los negocios. Pero además comparto esta visión con grandes profesionales como Juan Sobejano o Diego Cerdá en su excelente artículo "Más allá del sentido del lugar".

Cuando hablamos de **geoposicionamiento emocional,** estamos diciendo que las personas son, en primer lugar, emocionales y eso lo transmiten en sus comunicaciones. Cada vez que alguien dice dónde está o hace un *check-in,* está generando una información emocional, positiva o negativa, y en menos ocasiones neutra.

También es verdad que de momento no podemos identificar esas **emociones** de forma automática, de hecho uno de los grandes problemas es la ironía del ser humano, que es difícilmente identificable por máquinas, ya que es un uso inteligente del lenguaje que además varía en cada lugar y en cada contexto, aunque se avanza hacia ahí.

Por tanto, defiendo que el uso de este concepto, de momento, debe ser **personalizado** y "a mano", pero aun así puede darnos muchos beneficios, si entendemos las posibilidades prácticas que nos ofrece este concepto aparentemente teórico.

Objetivos

Cada vez que una persona está en un sitio, emite una opinión. Si identificamos qué dice, podemos perseguir objetivos muy claros y definidos:

- Generar con él una conversación.
- Ofrecer atención al cliente.
- Intentar atraerle a nuestro negocio.
- Obtener datos de su comportamiento.
- Captarlo como seguidor.
- Venderle productos o servicios directamente.

Metodología

Para ello, hemos de seguir tres pasos, haciendo un paralelismo con su uso para Twitter, tal y como explicó Ismael Labrador magníficamente en su conferencia en la Jornada #aercogeo "Tenderos tuiteros: cómo captar nuevos clientes desde Twitter gracias a la geolocalización":

I. Monitorizar o identificar lo que está diciendo en cada momento eligiendo los términos de búsqueda.

2. Seleccionaremos a los potenciales clientes.

3. Les atraeremos hacia nuestro negocio.

Herramientas

Aunque no existen herramientas específicas que nos permitan identificar ese "geoposicionamiento emocional", sí es verdad que podemos usar las habituales herramientas de geolocalización social para lograrlo. Todas ellas siguen una mecánica similar:

1. Se trata de redes sociales donde seguimos a gente y hay otra que nos sigue.

2. En muchos casos el uso del *hashtag* se está convirtiendo en un magnífico medio para seleccionar contenidos relevantes.

3. El elemento clave de la geolocalización, ya que en todas se puede identificar dónde emiten esa información los usuarios:

- Hacen *check-in* en Foursquare y Yelp.

- Lo indican en su biografía, en su perfil de Twitter o "personas que estuvieron aquí" en Facebook.

- Generan una opinión sobre un sitio concreto en Google Plus.
- Cuelgan una fotografía geolocalizada en Instagram.
- Utilizan Place Pins de Pinterest para generar mapas personalizados.

Así pues, en este *post* he intentado un acercamiento a un término nuevo que, para mí, tiene mucha fuerza y puede aportar mucho a la mejora de los negocios, al unir la geolocalización y las personas: lo primero como un elemento objetivo y racional, el decir dónde estamos; lo segundo como un elemento subjetivo y emocional, el decir qué sentimos; y sumando ambas cosas el **"geoposicionamiento emocional"**, las emociones que generamos las personas en función de dónde nos encontramos.

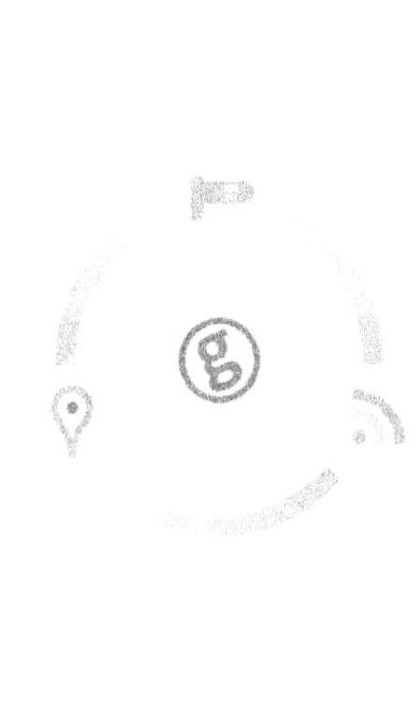

http://www.contunegocio.es/tecnologia/cuidado-con-la-privacidad-y-la-geolocalizacion/

Uno de los elementos más controvertidos del uso de la geolocalización es el relativo a la privacidad. Cuando doy alguna clase y saco este tema, pregunto a los alumnos: ¿a quién le da miedo la geolocalización desde el punto de vista de la privacidad? Unos cuantos levantan la mano y siempre respondo lo mismo: "A mí lo que me da miedo son las personas, no la geolocalización".

La geolocalización no es más que una herramienta por la que se puede conocer nuestra ubicación en el espacio y debemos tratarla como tal, con la misma importancia que damos o dejamos de dar a otras herramientas. Por tanto, **como todas las herramientas, todo depende del uso que se le dé.**

Es cierto que hace unos años los dispositivos móviles se vendían con la geolocalización activada, lo que deja un rastro de todas nuestras acciones en el espacio. Pero tras una serie de denuncias, la Unión Europea reaccionó rápidamente y el 16 de mayo de 2011 publicó el Dictamen 13/2011 sobre los servicios de geolocalización en los dispositivos móviles inteligentes, en el que se regulaba por primera vez vinculándolo con las leyes de protección de datos a favor del ciudadano.

También en el año 2011 se publicó una interesante guía, yo diría que imprescindible, la Guía sobre seguridad y privacidad de las herramientas de geolocalización, con el objetivo de acercar al lector a este campo: en qué consiste la geolocalización, cuáles son sus elementos característicos, en qué tecnologías se apoya o cuáles son sus usos y aplicaciones principales.

Recientemente estamos viviendo un intenso debate sobre la polémica Ley de Geolocalización en México, declarada a principios de año como constitucional por la Suprema Corte de Justicia de la Nación y en la que hay un claro conflicto entre el poder del Estado y la libertad individual.

Por último, en todas las manifestaciones o confrontaciones sociales que estamos viviendo, el uso de la geolocalización es clave tanto para la organización entre las personas como para la localización de las mismas, convirtiéndose en un arma de doble filo para los usuarios. Precisamente Enrique Dans acaba de publicar un artículo denominado "Replanteando la red" en el que se comenta cómo está cambiando la configuración de los nodos de información.

Si queremos ahondar más en lo que supone este tema, este mismo autor hace interesantes reflexiones en torno a la privacidad y la geolocalización a través de su blog, pero si lo que queremos es ver la realidad más pragmática e inquietante, tenemos que entrar en la web de Chema Alonso, "Un informático en el lado del mal", donde podremos conocer "cómo saber dónde está alguien por un *chat* de WhatsApp" o descubrir un agujero de seguridad que dejaba a algunas cámaras de seguridad abiertas a todo el mundo.

En definitiva, el tema de **la geolocalización y la privacidad** sigue dando mucho que hablar. Pero como este es un blog dirigido a negocios y empresas, podemos llevar estas reflexiones y ejemplos a un terreno más cercano y pragmático:

1. **Desde el punto de vista de los usuarios,** el control de la privacidad depende de la información que queramos dar y en este sentido podemos identificar dos aspectos:

El uso de la geolocalización en las redes sociales: Cuando configuramos una cuenta, se nos suele preguntar sobre nuestro lugar de residencia y cuando interactuamos a través de las redes sociales la geolocalización aparece como opción, pero otras veces por defecto. Por ejemplo, si chateamos en Facebook, aparecerá la geolocalización o si lanzamos un *tweet* con la geolocalización activada, podremos rastrearla. Y por descontado que si usamos herramientas de geolocalización como Foursquare, Yelp o Instagram decimos dónde estamos.

En el artículo "Cómo localizar usuarios de Twitter y Flickr a través de sus fotos" explican claramente cómo pueden rastrearse de forma relativamente sencilla con diversas herramientas. En estos casos, si no queremos que se sepa dónde estamos o desde dónde generamos cierta información, podemos acudir a las mismas aplicaciones para desconectar la geolocalización y evitarlo.

El uso de la geolocalización en general: Hay que tener en cuenta que cualquier acción que desarrollemos en Internet con la geolocalización del teléfono o del ordenador activada deja siempre un rastro y, por tanto, es susceptible de ser localizado. Hay una aplicación muy inquietante del mismo Google denominada "Historial de ubicaciones", que nos muestra dónde hemos estado en el último mes en función del uso de las aplicaciones, como puede ser la consulta del correo de Gmail.

En este caso, lo que hay que hacer es desconectar la geolocalización general del teléfono, que se encuentra en el apartado de ajustes y privacidad de los móviles o en los ordenadores.

2. **Desde el punto de vista de los negocios,** podemos utilizar estos datos siempre que sea de acuerdo con la ley y cumpliendo la protección de datos. En este blog hay bastantes artículos en torno a la importancia de los datos y a las posibilidades de hacer uso de la geolocalización de los usuarios como herramienta de geomarketing, identificando dónde se encuentran nuestros clientes, cómo se mueven, qué intereses tienen, qué opinan, etc.

Por tanto, como ocurre siempre, **la geolocalización es una herramienta y la privacidad depende del uso** que se le dé. Se suele decir que si no quieres que algo se sepa no lo cuentes y, en este caso, pasa algo similar: si no quieres que sepan dónde estás, no lo digas, pero además no permitas que otros lo sepan siguiendo el rastro que dejas; es sentido común al fin y al cabo. ¿Te siguen dando miedo la privacidad y la geolocalización? ¿Has sido imprudente alguna vez o has tenido problemas por este hecho? Si es así, nos lo puedes contar...

HERRAMIENTAS DE GEOLOCALIZACIÓN

INTEF

http://www.contunegocio.es/redes-sociales/facebook-geolocalizacion-social/

Facebook es la red social más grande e importante de Internet en estos momentos. Pero su "talón de Aquiles" siempre ha sido la geolocalización.

Hace tiempo que apostó por Facebook Places, para que la gente hiciera *check-in* y no funcionó. Después creó Facebook Deals, para fomentar descuentos y compras en negocios locales por geolocalización y tampoco funcionó. Posteriormente compró la herramienta, una competidora de Foursquare y la cerró a los pocos meses, incorporando a parte del equipo en sus oficinas.

Por tanto, la geolocalización quedó relegada a la posibilidad del usuario de decir dónde está y a algunas páginas de lugares que podían ser reclamados (al igual que Foursquare y Google

Plus), pero la tasa de uso era muy baja y no funcionó.

La geolocalización social de Facebook

Pero, ¿por qué ese interés en **aprovechar la geolocalización**? Básicamente porque Facebook quiere potenciar su uso como parte de los negocios, al fin y al cabo se trata de un espacio de comunicación donde se relacionan oferta (negocios) con demanda (usuarios) y donde los datos son la materia prima más importante, sobre todo vinculados a las relaciones de los usuarios y sus comportamientos.

Al final volvemos al concepto de **geolocalización social** y de **SoLoMo** (Social, Local y Móvil): unimos el concepto local del dónde está un negocio, la geolocalización, con lo que la gente valora y opina de éste, el concepto social y a través de sus dispositivos, el concepto móvil. Y Facebook quiere estar ahí y aprovechar su ventaja de la gran masa crítica de la que dispone.

Las cinco estrellas

Uno de sus últimos intentos de impulsar la geolocalización fue el lanzamiento, a principios del 2012, de Nearby, una herramienta implementada en móviles para "buscar lugares cercanos e indicar dónde estás". El último intento ha sido trasladar ese concepto al escritorio y potenciar la puntuación mediante las cinco estrellas de Facebook.

Desde hace unas semanas hemos podido comprobar que aparecen unas estrellas debajo de algunas páginas, justo debajo del nombre y que al "A x personas le gusta esta página" se le suma "X personas están hablando sobre esto" y "X personas estuvieron aquí". Éste es el sistema de cinco estrellas de Facebook.

Para el usuario: cómo utilizar las estrellas

Para valorar estas páginas como usuario, hemos de ir a la parte inferior derecha en un apartado denominado "Opiniones", que ofrece la posibilidad al usuario de puntuar del 1 al 5 esa página y poner qué opinas de ese lugar. La suma de las opiniones de estos usuarios son las que generan la puntuación total que aparece bajo el nombre de la página.

Para el negocio: cómo obtener las estrellas

Hay páginas donde no aparecen estas valoraciones por estrellas, aunque en principio estaba vinculado a la categoría "Negocio local" parece ser que se está incorporando a todas las páginas que tienen una dirección física puesta en el apartado de Información (y localizado en su correspondiente mapa por defecto). Por tanto tenemos dos opciones:

a)   Si no aparece y nos interesa: comprobar que hemos añadido la dirección física, debería aparecer la opción y si no hay que esperar a que lo incorpore Facebook.

b)   Si aparece y las opiniones son muy negativas, como no se pueden borrar, podemos eliminar la dirección física, pero perdemos la opción de localizar nuestro negocio y seguimos expuestos a las opiniones de los usuarios, pero también la opción de usar este sistema de valoraciones

Nota: las estrellas sólo comenzarán a aparecer a partir de tener opiniones y valoraciones de los usuarios, si está con la categoría correcta, pero si no hay ninguna valoración, no aparecerán.

La reputación *online:* las valoraciones

Por tanto, Facebook nos propone una **doble valoración** de los negocios locales: **cuantitativa,** indicando una puntuación del 1 al 5 mediante el sistema de estrellas, y **cualitativa,** comentando qué opinamos de ese negocio. Esto afecta directamente a la reputación *online* de los negocios y es una clara apuesta por competir con el sistema que está dando buenos resultados a

Foursquare con sus *tips*, a Google Local con sus valoraciones tras la compra de Zagat y a Tripadvisor con su famoso *ranking* de negocios turísticos.

La interacción con los usuarios ya no se limita a hablar con ellos y que pulsen en "Me gusta", sino a lograr que puntúen nuestro negocio local y generen comentarios positivos que logren aumentar nuestra reputación *online*, convirtiéndose así en una forma de recomendación a otros usuarios.

Cómo lo hace Facebook: los problemas

Lo que no está claro es cómo utiliza Facebook estas valoraciones y puntuaciones, aunque tal y como indica Juan Merodio, parece que apuesta por la calidad antes que la cantidad. Por otra parte, el implantar esta herramienta de forma masiva en poco tiempo y sin dejar claras las reglas del juego supone un problema para muchas empresas y usuarios, tal y como expone de forma muy clara Elena Benito Ruiz en su magnífico artículo "¿Usarías una escopeta de feria en tu negocio?: el rating de 5 estrellas de Facebook".

http://www.contunegocio.es/redes-sociales/como-usar-twitter-geolocalizacion-negocio/

La red social **Twitter** cuenta cada día con más incorporaciones y es una de las redes más importantes del mundo tras Facebook, Google + y Youtube y la que más crecimiento anual experimenta desde su nacimiento hace ahora 7 años. Los últimos movimiento de Twitter apuntan a que una de sus líneas de negocio en el futuro es el uso de la geolocalización, de hecho hace unas semanas compró Spindle, una startup de geolocalización.

Podemos comprobar el potencial de Twitter en este mapa mundial a tiempo real de tweets y temas emitidos en cada continente en Tweetping, observar la geografía de los tweets que crea mapas sociales de las ciudades e incluso seguir el paso de la antorcha olímpica en los juegos de Londres a través de los tweets emitidos y monitorizados por IDV Solutions.

Twitter es social, local y móvil (SoLoMo):

Por tanto aunque no se trata de una red social de geolocalización como puede ser Google Local o Foursquare tiene una serie de características muy vinculadas con este concepto, ya que se trataría de una red que cumple las tres reglas de SoLoMo:

Twitter es social: es la base de todo, seguir a gente y que te siga gente, generar listas, retwittear, mencionar, marcar favoritos y todo en menos de 140 caracteres le da una velocidad y una velocidad casi al segundo.

Twitter es local: el uso de la geolocalización, saber dónde están los usuarios, desde dónde se mandan los Twist, búsquedas geolocalizadas, etc., nos ofrece una información basada en lo local.

Twitter es móvil: el uso de Twitter cada vez más desde el móvil, en cualquier lugar, desplazándonos y emitiendo información desde diversos lugares e interactuando a tiempo real gracias al móvil.

Cómo activar la geolocalización en Twitter

El uso de la geolocalización depende principalmente de tres factores:

a) **Tener activada la geolocalización de tus tweets** por defecto. Para ello deberás entrar en la configuración de tu usuario de Twitter y activar "Añade una ubicación a tus tweets", de forma que "Cuando publicas un Tweet con una ubicación, Twitter almacena esa ubicación. Puedes activar o desactivar esta opción en cada Tweet".

   * En este caso Twitter ha habilitado la posibilidad de borrar toda la información de ubicación de Tweets pasados.

b) **Indicar tu ubicación como usuario** en el apartado del perfil dentro de la configuración. De esta forma aparecerás en las búsquedas sobre tu ciudad.

c) **Añadir datos geográficos en tu biografía** con o sin hastag (por ejemplo #valencia), de forma que aparezcas en los resultados de búsqueda

Eso sí, ten siempre presente que si activas la localización

dejarás un rastro que se puede seguir con herramientas como Creepy.

Estos mismos factores son los que hacen que puedas usar la geolocalización por parte de los usuarios como herramienta de análisis y de promoción de tu negocio.

Cómo usar la geolocalización para analizar y promocionar mi negocio

Pero ¿cómo puedo usar Twitter y su geolocalización en mi negocio?, a continuación te muestro algunas ideas acompañadas de las herramientas que puedes usar:

1.- **Analiza tus seguidores actuales** para saber dónde se encuentran. De esta forma cuando tengas que abrir mercado sabrás donde cuentas con contactos directos o si quieres incidir en un territorio en una promoción podrás identificar donde se concentran tus seguidores con herramientas como Socialbro o Mapmyfollowers como nos muestra Juan Carlos Sierra analiza desde su blog esta vinculación entre Twitter y la geolocalización

2.- **Busca seguidores potenciales** analizando la gente que usa Twitter alrededor de un sitio y sobre un tema determinado.

Ingresosalcuadrado nos muestra "Cuatro herramientas para encontrar usuarios relevantes en Twitter" y donde destaca el MentionMap, una forma muy visual de analizar nuestra propia red social de Twitter.

3.- Haz búsquedas geolocalizadas de temas que te interesen, identificando qué tweets se lanzan sobre un tema determinado alrededor de un sitio, usando la herramienta Seekatweet o bien la Búsqueda Avanzada de Twitter, tal y como explica magníficamente Javier Leiva en su post "Cómo hacer búsquedas geolocalizadas en Twitter".

4.- Identifica las tendencias locales, usando herramientas como Pirendo, Tweet Binder o Tweepsmap para monitorizar los hastags de lo que está pasando a tiempo real o en un periodo de tiempo.

http://www.contunegocio.es/redes-sociales/foursquare-la-geolocalizacion-social-de-tu-negocio/

Foursquare es un servicio basado en localización web aplicada a las redes sociales. La geolocalización permite localizar un dispositivo fijo o móvil en una ubicación geográfica (Wikipedia). Es quizás una de las herramientas más populares de geolocalización, tanto que a veces se confunde con el propio concepto.

Nació como aplicación móvil y poco a poco ha ido evolucionando hacia la página web y básicamente sirve para que una persona diga dónde está y lo comparta con su red social, por eso se dice que se trata de una herramienta de **geolocalización social**. Podemos utilizar Foursquare desde dos puntos de vista:

1. Del lado de la demanda, como usuario

Tenemos que darnos de alta en la página web de Foursquare y

acceder posteriormente con nuestro usuario y contraseña.

Desde el móvil: podemos descargar la aplicación gratuitamente en Google Play o la Apple Store. Cuando estemos en un sitio, abrimos la aplicación y pulsamos el símbolo de geolocalización o **marcador**, de forma que buscará los lugares que están dados de alta en Foursquare a nuestro alrededor.

Una vez localizado el sitio, podemos hacer *check-in*, es decir, decir que estamos en ese sitio y después compartirlo en otras redes como Facebook o Twitter, pero también ver qué opina la gente de ese lugar a través de los denominados *tips*, qué valoración le dan o fotos del mismo. También podemos guardarlo en una **lista**, de forma que agrupemos los lugares en función de lo que queramos (lista de restaurantes, de sitios de interés, de nuestros lugares favoritos, etc).

Desde la web: nos aparecerá **un mapa y un buscador**, donde podemos poner qué queremos buscar (hoteles, restaurantes, parques, colegios, etc.) y dónde. De esta forma nos indicará en el mapa los sitios que hay y si algunos de estos tienen promociones *ospecials* para los usuarios de la aplicación. También nos permite filtrar si han estado tus amigos ahí o por precio u horario.

Básicamente esta herramienta nos permite decir **si nos gustan los sitios que visitamos y la opinión que tenemos** de ellos, de tal forma que podamos influir a gente de nuestras redes sociales y al mismo tiempo podamos leer opiniones de otras personas y guiarnos por sus consejos.

2. Del lado de la oferta, como negocio

Tenemos que acceder a Foursquare para negocios donde es posible reclamar tu negocio, es decir, buscar si ya ha sido de alta y, o bien darlo de alta si no está, o bien indicar que eres el que gestiona el mismo a Foursquare, para que te valide como dueño o gerente.

Esto sucede porque cualquier persona puede dar de **alta un negocio**, simplemente se busca desde el móvil y si no se encuentra haciendo *scroll* (bajando hacia la parte inferior de la pantalla) nos da la opción de "¿Agregar este lugar? Y nos permite darlo de alta indicando a qué categoría pertenece.

Se puede **validar el negocio** por teléfono inmediatamente mediante un pago o bien esperar unas semanas a que nos den un código con el que acceder a la gestión del lugar.

Una vez tenemos acceso a ese lugar, podemos hacer **cuatro cosas:**

- Administrar los datos de nuestro negocio.

- Administrar promociones.

- Ver estadísticas de clientes.

- Ver estadísticas de interacción.

Es decir, básicamente lo que nos ofrece a los negocios es la posibilidad de crear promociones para los usuarios y de analizar sus datos, de forma que nos ayude a tomar decisiones en función de nuestros objetivos.

Nota: existe una aplicación específica para móviles denominada Foursquare Business desde la cual podemos gestionar y administrar los negocios dados de alta y reclamados en Foursquare.

Cómo empezar a usar Foursquare

Foursquare indica cinco pasos que se deben seguir para optimizarlo en nuestro negocio:

1. Regístrate para empezar.

2. Actualiza tus datos.

3. Atrae a clientes nuevos.

4. Conéctate con tus clientes leales.

5. Incentiva a todos a que hagan *check-in*.

Para qué sirve

- **Posicionamiento natural (SEO):** el hecho de hacer *check-in* o que la gente lo haga en tu negocio hace que aparezca en los resultados de búsqueda de forma natural al buscar tu negocio, con lo que se logra una mejora en el posicionamiento natural.

- **Vender:** recientemente han añadido una nueva funcionalidad, Foursquare Ads, para realizar anuncios en función de la geolocalización y lograr venta directa.

- **Promociones:** mediante los *specials* se pueden hacer promociones en el local para captar a clientes nuevos o fidelizar a los usuarios más activos.

- **Reputación** *online*: los *tips* o comentarios hablan de lo que la gente dice de tu negocio, hay que identificar lo que están diciendo sobre éste y responder a los comentarios de forma educada.

- **Marca:** el hecho de decir dónde estamos de forma lógica y con una estrategia puede hacer que tu marca, personal o de empresa, tenga una presencia en estos sitios y la gente los relacione con tu actividad profesional.

Foursquare nació como muchas redes sociales, sin un modelo de negocio definido y poco a poco se fue haciendo más popular. En diciembre del año pasado logró obtener una inversión de 35 millones de dólares y hace unos meses Microsoft anunció que va a pagar 15 millones de dólares a Foursquare a cambio de poder acceder a la localización y los movimientos de sus usuarios, así como a sus preferencias acerca de negocios del mundo real, como tiendas, restaurantes o locales de ocio.

Una de las cosas que siempre ha estado clara de esta red social es la obtención de **datos de los usuarios**, lo que le otorga una ventaja competitiva frente a otras aplicaciones. Cincuenta millones de usuarios diciendo dónde están, puntuando los negocios y ofreciendo comentarios sobre los mismos es una cantidad de información muy importante para el geomarketing en el entorno del *Big Data*.

Quizás por eso Foursquare se reinventa con una puesta muy arriesgada pero planificada, la división de la herramienta en dos: la misma Foursquare y una nueva aplicación denominada Swarm.

Qué es Swarm

Se trata de una plataforma complementaria a la popular red social, que tiene como propósito facilitarte el *check-in* de los lugares que visites, compartirlo con tus contactos y comprobar dónde se encuentran tus amigos.

Por tanto, Swarm asume parte de las funcionalidades de Foursquare y se define como una especie de "mapa social" con diversas características:

- Registro de visitas.
- Ver dónde se encuentran tus amigos.
- Organizar quedadas para reuniones posteriores.

Esto supone una serie de cambios, entre los que destacan:

Los *mayors*. Se acaban de "congelar" las alcaldías, "de manera que ya ningún alcalde será expulsado a través de Foursquare, que seguirán mostrándose a través de esta aplicación". El cambio viene dado porque la competición por las alcaldías pasará a ser entre los propios grupos de amigos. Por tanto, se deja de "competir" con los 5o millones de usuarios de Foursquare para hacerlo de forma más grupal.

Los *stickers*. Son elementos que se podrán desbloquear conforme se visiten diversos lugares y que servirán para expresar los sentimientos o las acciones de los usuarios. Serán gratuitos y los usuarios obtendrán un número limitado de entradas.

Los *insights*. Se trata del sistema de estadísticas que se obtendrán sobre el uso que realice cada usuario.

En principio la aplicación estará disponible tanto para iOS como para Android y han anunciado que más adelante llegará a los terminales con el sistema Windows Phone. Esta nueva aplicación **entrará en funcionamiento entre el 12 y el 18 de mayo**, y ya se puede solicitar la descarga en este enlace: Swarmapp, mediante nuestro correo electrónico.

Foursquare se reinventa

Con este cambio de plataforma, Foursquare será rediseñado y

se convertirá en un buscador de lugares basado en elementos cualitativos como pueden ser las recomendaciones, y en elementos cuantitativos como las puntuaciones.

De esta forma, cuando una persona realiza una búsqueda de algún servicio, no se basará simplemente en la localización, sino en las recomendaciones de los negocios, en lo que parece que puede tratarse de una competición directa con la plataforma Yelp.

Diferencias entre Foursquare y Swarm

- Swarm será la encargada de gestionar toda la parte social de los *check-in* y los*mayorships,* mientras que Foursquare se quedará con las recomendaciones.
- Swarm implementará los *mayorships* 2.0, mientras que Foursquare congela de momento los *mayorships*: nadie puede obtener uno nuevo ni quitarte el que ya tengas.
- Swarm incorporará *stickers* para decir no sólo dónde estás, sino también cómo te sientes, mientras que Foursquare renovará los *badges*.

En resumen, **Swarm** trabajará en un entorno más "íntimo" y se centrará en el aspecto social y **Foursquare** se seguirá desarrollando y se centrará en facilitar la localización de sitios de interés y comercios para el usuario junto con las valoraciones de otras personas, de forma que dejará de servir únicamente para indicar cuándo se encuentra un usuario en un lugar.

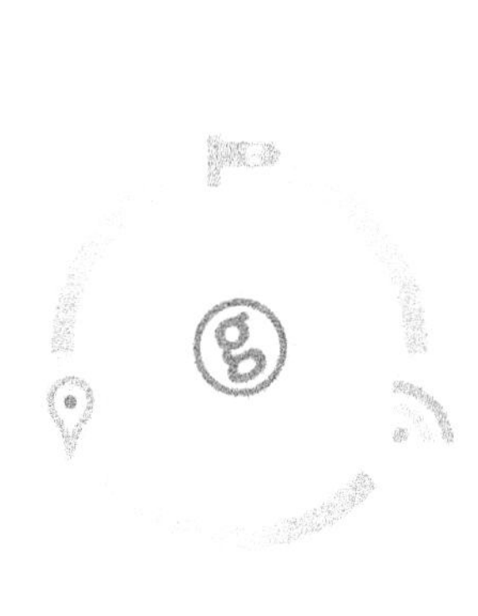

Cómo funciona Swarm.
la nueva geolocalización social

http://www.contunegocio.es/marketing/como-funciona-swarm-la-nueva-geolocalizacion-social/

La semana pasada hablábamos de Swarm, la nueva herramienta de geolocalización de Foursquare, que iba a estar activa en breve. Pues bien, ya se puede descargar tanto en la App Store para iPhone como para Android en Google Play.

Lo primero que me llama la atención es que no existe una versión web como Foursquare, es decir, **nace con una vocación exclusivamente móvil.** De hecho, en la propia web de Swarmapp aparece directamente el enlace a la aplicación móvil.

En la descripción se indica lo siguiente:

"Swarm, la nueva aplicación de Foursquare, es la manera más rápida para mantenerse al día y reunirte con tus amigos. Con Swarm, es fácil ver quién está cerca y con quién quieres quedar

después

- ¿Quieres reunirte con los amigos? Abre rápidamente la aplicación para ver quien está cerca.

- ¿Quieres compartir lo que estás haciendo? El registro es rápido y más divertido que nunca.

- ¿Tienes una idea para algo divertido que hacer? Manda un mensaje con facilidad a todos tus amigos más cercanos".

Además advierte "que el uso continuado del funcionamiento del GPS en el fondo puede disminuir la vida de la batería".

Por tanto, tal y como dijimos en el anterior *post*, se trata de una aplicación que se dirige directamente a la parte más social de Foursquare. Vamos a ver sus funcionalidades:

1.- Una vez instalada la aplicación, aparece el icono en color naranja de este "enjambre" (Swarm).

2.- Abrimos la aplicación y aparecen los contactos que tenemos de Foursquare, divididos según la distancia en que se encuentran:

- Aquí mismo: 150 metros.
- A poca distancia: 1,5 km.
- Cercanos: 10 km.
- En la zona: 40 km.
- Muy, muy lejos.

3.- Si activamos las notificaciones, nos avisará cuando uno de ellos esté cerca de nosotros.

A partir de aquí tenemos cuatro iconos en la parte inferior que responden a diversas funciones:

Icono "Localización"

- Pulsando el icono en forma de hexágono que hay en la parte superior derecha, nos indica dónde estamos, para compartirlo con nuestros amigos. En caso de no estar en el sitio que sale por defecto, nos permite "Cambiar ubicación".

- Otra funcionalidad nueva es la de "Compartir barrio", que se encuentra en la parte superior izquierda: al desplazar nuestro icono de perfil hacia la derecha, aparece la posibilidad de indicar a nuestros amigos en qué barrio estamos.

Nota: la otra forma de compartir nuestra ubicación es con la herramienta de Foursquare, ya que los *check-in* que hagamos también aparecerán en Swarm.

- Para buscar a un amigo en concreto, podemos utilizar el buscador que aparece en esta misma pantalla.

Icono "Muro"

- Nos ofrece la posibilidad de ver lo que han compartido nuestros seguidores y decir si nos gusta su acción, mediante el corazón situado a la derecha de sus publicaciones.

Icono "Planes de Zona"

- Es otra funcionalidad nueva, que nos permite crear "Planes de Zona", es decir, pulsando en el icono de la parte superior derecha podemos escribir "¿Qué va a pasar más tarde?", es decir, los planes que vamos a hacer y a los que pueden apuntarse nuestros amigos, lo que facilita la organización de encuentros.

Icono "Notificaciones"

- En este apartado aparecen tanto las personas a las que les interesan los planes que hemos creado como las solicitudes de amigos.

Gamificación

La parte de "juego" de Foursquare se ha trasladado a Swarm de dos formas:

a) La obtención de *stickers* realizando *check-in* en sitios diferentes.

b) Los "alcaldes 2.0", que son como los de Foursquare pero en este caso sólo "lucharemos" por la alcaldía con nuestro círculo de amigos y no con el total de usuarios (esto hace que en un mismo sitio pueda haber más de un alcalde).

Hasta aquí **una primera aproximación a Swarm**, una nueva herramienta que personalmente me ha sorprendido, a pesar de ser algo reacio inicialmente, ya que se integra perfectamente con Foursquare. Efectivamente, trata de ser mucho más social e ir directamente al uso entre amigos con la herramienta de geolocalización, dejando los negocios para Foursquare.

En resumen, **la nueva geolocalización social ya está en marcha**, ahora falta ver cómo responde el mercado. En mi opinión, va a depender directamente de la capacidad que tengan sus creadores de llegar a la gente para que la usen. Pese a mis reservas iniciales, la encuentro muy interesante, aunque es complicado que se haga un hueco entre tanta aplicación (a pesar de la ventaja de contar con 50 millones de usuarios de entrada). Por cierto, ¿qué hay de los lugares de Foursquare y las promociones a través de "Specials"?

En cualquier caso, **muy recomendable** comenzar a usarla para ver si es útil para los negocios, porque "quien da primero da dos veces".

http://www.contunegocio.es/marketing/yelp-la-importancia-de-una-comunidad-en-tu-negocio/

Yelp es una red de geolocalización social que podría compararse con Foursquare, aunque en realidad son muy diferentes. En cualquier caso, es muy interesante para el desarrollo de los negocios y por eso vamos a introducir en qué consiste y cómo sacarle el máximo partido para tu negocio.

Según indican en la propia página web Yelp, "se fundó en 2004 para **ayudar a las personas a encontrar buenos negocios locales**, tales como dentistas, peluquerías o talleres". En el cuatro trimestre se calcula que tuvo un promedio mensual de 120 millones de visitantes únicos y hay más de 53 millones de comentarios sobre negocios locales.

La primera diferencia con Foursquare es que en este caso sí está claro el modelo de negocio de Yelp, basado en la venta de publicidad a los negocios locales a través de los anuncios que aparecen etiquetados alrededor del sitio web.

Por otra parte, este modelo de negocio implica una propuesta más clara y directa de servicios:

- Existen profesionales que se encargan de dinamizar las comunidades a escala local, principalmente en las ciudades.
- Los propietarios de negocios pueden reclamarlos como suyos y acceder a una serie de ventajas.
- Las personas que escriben comentarios y reseñas son denominados *yelpers*.

Con estos componentes se genera es una comunidad alrededor de los negocios locales, que además es alimentada mediante el uso de un blog oficial de Yelp, un boletín denominado Yelp semanal y una página web que dispone de muchísima información que aclara el funcionamiento de esta plataforma.

Esta herramienta está disponible tanto a través de página web como de aplicación en los principales dispositivos móviles. Podemos distinguir dos tipos de uso, según seamos usuarios o empresas:

Usuarios

Podemos acceder sin necesidad de estar registrados y obtendremos información sobre los negocios locales de nuestra ciudad, pudiendo buscar por temática o tipología que nos interese. A partir de ahí accedemos a la ficha del negocio que queramos consultar y tendremos todo tipo de información, desde una descripción, dirección, fotografías, horarios, precios, etc. Pero quizás lo más interesante es la parte social, ya que esta plataforma se basa en los comentarios que dejan las personas sobre cada lugar, haciendo que las **recomendaciones** cobren gran importancia y la reputación *online* sea uno de los principales factores de uso.

En caso de estar registrados, podemos obtener información del negocio y además producir información sobre el mismo. Podemos puntuarlo según nos haya gustado y, sobre todo, poner comentarios. Una de las características de Yelp es que estos son mucho más extensos que Foursquare y nos ofrecen mucha más información cualitativa.

Además se utilizan elementos de "gamificación" o juego para incentivar los comentarios y el uso de la herramienta. Por ejemplo, cuando una persona es muy fiel obtiene el título de "Duque" del negocio, semejante al "Mayor" de Foursquare.

Empresas

Podemos **dar de alta nuestro negocio** poniendo su nombre en el buscador. En caso de que ya exista, podemos reclamarlo en la parte derecha, de forma que cuando Yelp compruebe que somos los propietarios, nos permita acceder al panel de control y ofrecer mucha información a los usuarios. En caso de que no exista, igualmente nos ofrece la posibilidad de añadir el negocio y generar información sobre el mismo. A partir de aquí hemos de gestionar el negocio como cualquier otra herramienta de geolocalización social, como Foursquare o Google Local, manteniendo la información actualizada del mismo y, sobre todo, atendiendo y respondiendo a los comentarios realizados por los usuarios que, al fin y al cabo, serán nuestros prescriptores y recomendarán nuestros servicios si están satisfechos.

El control del negocio no sólo da **acceso a estadísticas** muy importantes sobre el uso en tu empresa, sino que además permite realizar promociones directamente del estilo de 2×1 o regalos e incentivos por el uso de la herramienta.

Yelp es una aplicación que aún no tiene una gran implantación en España, en cambio en Estados Unidos tiene mucha más importancia, sobre todo en determinados espacios comerciales de las ciudades, donde consiguen revitalizar negocios gracias a esta forma de dinamización social.

De hecho, hay un estudio, realizado por Michael Luca en la Harvard Business School, denominado *"Reviews, Reputation, and Revenue: The Case of Yelp.com"*, donde se analiza de forma seria y científica la relevancia de esta red social y su impacto directo en los negocios locales.

En España el ritmo de penetración es lento, pero tiene más posibilidades de desarrollo que Foursquare, ya que -como hemos comentado- tiene un modelo de negocio muy claro y definido y personas detrás que buscan la rentabilidad de la empresa.

Pinterest "es una red social para compartir imágenes que permite a los usuarios crear y administrar, en tableros personales temáticos, colecciones de imágenes como eventos, intereses,*hobbies* y mucho más".

Se trata de **la red social con más penetración en el año 2013** y con un crecimiento espectacular. Su funcionamiento es muy similar al de otras redes, pero mucho más visual, se cuelgan fotos o elementos visuales denominados *pins* y se organizan en tableros o *boards*. Seguimos a las personas o empresas que nos interesan o sus tableros y podemos decir que nos gusta o enviarlos a nuestros seguidores ("repinearlos").

Podemos encontrar dos tipos de perfiles: **personas y páginas.** Estas últimas requieren un proceso de verificación con la página web que gestionemos. La diferencia con los perfiles personales es que tendremos acceso a estadísticas con las que medir su uso.

Una de las ventajas o novedades que Pinterest tenía con respecto a otras redes es que estas imágenes podían estar enlazadas directamente con la dirección o URL que deseemos, lo que permitía dirigir el tráfico a nuestra página web. Por ejemplo, una tienda podía colgar ropa en un tablero y enlazar la prenda concreta con el carrito de compra de su tienda *online*. Pero esta última semana Pinterest ha realizado un importante avance creando Place Pins, que es la entrada de esta herramienta en el mundo de la geolocalización y además aliada con Foursquare. De esta forma, los usuarios pueden geolocalizar sus contenidos visuales sobre un mapa, lo que da pie a numerosos usos en los negocios y destinos turísticos, por ejemplo. Además esta herramienta no sólo se encuentra disponible en páginas web, sino en los dispositivos móviles de forma perfectamente adaptada en el entorno que denominamos SoLoMo (Social, Local y Móvil).

Para usar Place Pins disponemos de dos opciones:

a)   **Para los pines y tableros existentes,** en "editar tablero" nos aparece la opción de "Añadir a un mapa", le indicamos que sí e inmediatamente se desplegará un mapa dejando el tablero relegado a la parte izquierda de la pantalla y con la indicación en cada pin de "Situar este Pin". Si le damos al botón + nos aparecerá la pregunta de "¿Cómo se llama este lugar", podremos buscarlo y localizarlo en el mapa.

b) **Para los pines y tableros nuevos**, cuando le decimos "Crear un tablero" nos aparece la opción "Añadir un mapa" y directamente saldrá un mapa en la pantalla con la opción de "Añadir un lugar", que a su vez nos llevará a la opción de buscarlo y localizarlo en el mapa.

Una de las novedades es la **alianza de Pinterest con Foursquare,** lo que permite que en la búsqueda semántica del lugar aparezcan directamente una serie de opciones con fotografías o pines subidos por los usuarios y la opción de subir el nuestro. Además nos pregunta: "¿Qué es lo que te gusta de (el lugar elegido)?" y al poner la descripción, "pinea" nuestra foto seleccionada vinculada a la herramienta Foursquare, aunque no incorpora ninguna funcionalidad más de momento, excepto el nombre y el mapa.

Los mapas han sido diseñados por Stamen Design, con el servidor de MapBox, y creados mediante el uso de la plataforma de mapas colaborativos **OpenStreetMap**, que trabaja con licencias de uso libre de los datos cartográficos. Ésta es la razón de que el aspecto sea distinto del mapa comercial Google Maps.

A partir de aquí surgen **numerosas posibilidades de uso en tu negocio**, desde la localización del mismo y los servicios ofrecidos en su entorno, la elaboración de mapas de destinos turísticos, guías turísticas hechas por los propios usuarios o incluso mapas de clientes. La misma herramienta nos muestra unos ejemplos muy interesantes.

También los clientes se benefician de obtener una información colaborativa geolocalizada, lo que hace que Pinterest entre de lleno en la geolocalización social compitiendo directamente y con fuerza con Foursquare (aunque aliados en parte), Yelp, Facebook Places o Google Local.

http://www.contunegocio.es/marketing/como-usar-codigos-qr-negocio/

En los últimos tiempos se ha ido popularizando el uso de códigos QR en diversos sectores de la actividad económica. Además, la generalización de los dispositivos móviles ha permitido que, mediante el uso de la cámara web y de una aplicación de lectura, cualquier persona pueda usarlos.

La llegada de los **códigos QR** produce un cambio cuantitativo y cualitativo en la relación de los negocios con Internet: por una parte, origina un trasvase del mundo real al mundo de Internet, donde estos códigos ejercen de lenguaje y de herramienta de comunicación y, por otra parte, permite obtener mucha más información.

¿Qué son los códigos QR?

También conocidos como códigos de respuesta rápida (*quick response code*), son códigos de barras bidimensionales capaces de almacenar miles de dígitos mediante una matriz de puntos, permitiendo añadir información virtual. Se puede leer en cualquier dirección con un lector de imagen o cámara, como las que tienen los móviles de tercera generación.

¿Para qué sirven los códigos QR?

Pueden contener miles de dígitos (numéricos, alfanuméricos, binarios...) que almacenan información y pueden presentarse en distintos formatos: imágenes, vídeos...

Los **códigos QR** pueden enriquecer el entorno gracias a la información que contienen y ofrecen innumerables posibilidades, desde codificar información sobre webs o sobre productos y servicios, hasta promociones, publicidad, entradas, billetes de viaje, etc.

¿Cómo se crean los códigos QR?

Para la creación de los **códigos QR** son necesarios programas específicos que los generan de manera automática, y que son gratuitos, únicamente es necesario disponer de conexión a Internet y de la información que se desea incrustar. Basta con poner en Google "generador qr *codes*" para disponer de alguno de ellos, por ejemplo, QR-Code.

¿Cómo se usan los códigos QR?

La lectura de los **códigos QR** se realiza mediante un lector de imagen. En la actualidad, el uso para la extracción de la información cifrada es realmente sencillo, puesto que la mayoría de dispositivos móviles disponen de este tipo de aplicación o *software*, y si no, son de fácil descarga.

Así pues, para proceder a la lectura y decodificación del código, es necesario acercar el visor de la cámara escáner al código y encuadrarlo. Esta detecta y captura el código y procede a la decodificación automáticamente, facilitando la información que contiene y descargándola directamente en el teléfono.

¿Qué usos se pueden dar un código QR?

Las aplicaciones que los negocios pueden obtener de los **códigos QR** son múltiples. Las características más relevantes de estos códigos con respecto a los negocios son:

- **Informar:** su alta capacidad de almacenamiento en cuanto a contenido. Proporcionan al consumidor/usuario información en el momento y lugar preciso. Además, permiten que dicho contenido se pueda presentar en diversos idiomas y/o formatos (texto, audio, video o imagen) sin ocupar excesivo espacio.

- **Interpretar:** colocados los **códigos** QR en paneles interpretativos, en edificios, mapas, folletos… ofrecen al cliente un valor añadido con información del producto o servicio. Esta en ciertas ocasiones suele ser extensa, ocasionando una sobreinformación en un único punto. Con el código QR, este exceso de información se disipa, pero sigue estando al alcance del cliente.

- **Interactuar:** en dos vías, la primera entre usuario y otras comunidades de usuarios, y la segunda entre el usuario y el agente/actor. La primera hace mayor hincapié en la difusión de la información. La segunda permite conocer las necesidades y opiniones de los consumidores en tiempo real. El agente o actor implicado recibe un *feedback* inmediato del usuario.

¿Qué debemos tener en cuenta al crear un código QR?

- Poner qué información se va a dar en el mismo para incentivar su uso.
- A la hora de enlazar una página web, es interesante reducir el enlace (URL) con un

acortador para que el código QR tenga menos puntos y se facilite su lectura.

- Hay que utilizar un tamaño adecuado para que se pueda leer bien.
- Hay que situarlo a la altura de los ojos o en un sitio de fácil acceso para usar el móvil.
- Hay que medir el uso del código QR, es muy importante y por eso se explica en el siguiente punto.

¿Cómo podemos medir un código QR?

Es posible saber cuántos usuarios se conectan y el momento en el que lo hacen, con lo que se facilita de esta forma el análisis de las campañas de comunicación y promoción que se lleven a cabo. Por ejemplo, si deseamos medir una campaña de marketing:

1. **En primer lugar,** hemos de tener activada la cuenta de Google Analytics en nuestra página web. Después podemos utilizar la herramienta de Google "Creador de URL" para crear una dirección web para una campaña personalizada para el seguimiento del sitio.

2. **En segundo lugar,** utilizaremos esta dirección para generar un código QR, que es el que pondremos en el espacio deseado (folleto, póster, *flyer*, cartel, etc.) para que los clientes lo usen y accedan a nuestra web.

3. **En tercer lugar,** repartiremos estos materiales donde queramos realizar una campaña determinada y podremos medir mediante Analytics qué elementos se están utilizando. En el apartado "Adquisición/Campañas" de esta herramienta podemos medir los usuarios que han usado esa dirección web.

Nota: puedes encontrar más información y ejemplos en la presentación "El código QR como nuevo código de barras de recursos turísticos"

http://www.contunegocio.es/tecnologia/realidad-aumentada-con-tu-negocio/

Una de las grandes revoluciones de los últimos años es la **realidad aumentada**, una herramienta que permite incorporar elementos de Internet en nuestra vida cotidiana mediante el uso de un móvil o, próximamente, en unas gafas inteligentes como las de Google.

Pero lejos de ser una tecnología complicada y costosa, cada vez aparecen más herramientas gratuitas que permiten usarla de forma intuitiva. Es el caso de Layar, un programa que permite usarla en nuestro negocio.

¿Qué es la realidad aumentada?

Según la Wikipedia, "es el término que se usa para definir una visión directa o indirecta de un entorno físico del mundo real, cuyos elementos se combinan con elementos virtuales para la creación de una realidad mixta en tiempo real".

¿Cómo se utiliza?

Necesitamos un dispositivo, por ejemplo un móvil, con una cámara web y un GPS. A continuación nos podemos descargar un programa, de la Apple Store, de Google Play o similar, según el móvil que tengamos. Una vez que lo tengamos, podemos "leer" la información aumentada de la siguiente forma:

1. Mediante un radar con el que miramos a través del móvil a nuestro alrededor y geolocaliza por posicionamiento diversas "capas" de información (oficinas de turismo, museos, farmacias, fotografías, comercios y un largo etcétera).

2. Mediante la lectura de un código denominado "marcador fiducial", que es parecido a los Códigos QR, aunque no es lo mismo y entonces nos aparecerá sobreimpresa la información.

3. Mediante la lectura de un elemento (una foto, un icono, etc.) impreso de alguna forma y que nuestra herramienta traducirá en la información deseada.

Uno de los grandes potenciales reside en el hecho de que, como la realidad aumentada se ve a través de una pantalla, **podemos interactuar con su superficie táctil**, lo que produce esa unión entre ambos mundos o un "aumento" de la información existente en la realidad.

¿Para qué me puede servir?

Por ejemplo, podemos crear una información para superponer en un folleto de nuestro negocio. La utilidad vendrá porque vamos a **unir el mundo físico y el mundo digital** a partir de esta herramienta, por lo que además del elemento innovador y creativo, podremos incorporar más información sobre el folleto de lo que cabría realmente en la superficie del mismo.

Nota: Aunque puede parecer similar a un código QR, el funcionamiento es justamente al revés: con los códigos QR lo que hacemos es que el usuario pase del mundo físico al digital leyéndolo, mientras que con la realidad aumentada es el mundo digital el que viene a nuestra realidad a través de la cámara del móvil.

¿Cómo podemos crearla?

Hay multitud de herramientas, pero una de las más conocidas y sencillas es Layar Creator. En siete sencillos pasos es posible utilizarla con tu negocio:

1. Entraremos en Layar y nos registraremos como usuario.

2. Desplegaremos la parte superior derecha de la pantalla y pulsaremos "Go to creator".

3. Pulsaremos *New Campaign* (Nueva campaña) y le pondremos un título, un identificador, una tipología de campaña (en este caso Póster), un icono y la ciudad. Al final pulsaremos *Create Campaign* (Crear campaña).

4. En la parte izquierda pulsaremos *Add pages* y cargaremos la imagen del póster que queremos usar (*Upload*). Cuando esté cargado el poster, aparecerá la frase *Start Creating* (comenzar a editar).

5. En la parte derecha tenemos una serie de botones que podemos usar, bien ya existentes o bien podremos poner uno personalizado. En este caso pondremos el existente de *"Follow us"* de Twitter.

6. Lo arrastraremos sobre el lugar del póster en el que queremos que aparezca esta acción y, cuando se abra el desplegable rellenaremos el *tweet* que queremos que se emita al pulsar y le daremos a *ApplyChanges* (aplicar cambios). A continuación lo guardaremos mediante *Save page* (guardar página).

7. Pulsaremos la palabra *Test* y abriremos el programa en nuestro móvil. Al abrirlo lo situaremos delante del póster y tocaremos la pantalla para que comience a escanearlo. En ese momento aparecerá la imagen de Twitter que hemos puesto sobreimpresa en el móvil y, si la pulsamos, nos llevará a Twitter para mandar un *tweet* programado tal y como hemos indicado al preparar la campaña.

¿Qué uso tiene?

Esta sencilla campaña de **realidad aumentada** nos permite generar dinamismo en Twitter con respecto a nuestro negocio y convierte un póster impreso tradicional en una herramienta innovadora, que vincula al usuario que lo tiene delante con sus redes sociales en Internet y, por tanto, amplifica notablemente el impacto de la marca y de la información que se quiere transmitir.

http://www.contunegocio.es/marketing/como-hacer-un-mapa-para-tu-negocio/

Los mapas son una representación de la realidad física, pero con la llegada de Internet se ha transcendido el mapa en papel para llegar al **mapa digital**. Todos los negocios tienen alguna representación en Internet en forma de mapa: algunos mediante la geolocalización en Google Places, otros con imágenes de planos estáticos, otros con el mapa de Google Maps insertado en su página web, etc.

Para qué sirve un mapa

La mayoría de los usos de los mapas en los negocios son para localizar el mismo y que el cliente sepa llegar a la dirección indicada, pero los mapas tienen un potencial mucho más grande vinculado con el **geomarketing**, es decir, el estudio del mercado desde una perspectiva espacial.

Así pues, podemos poner en un mapa dónde están nuestros clientes actuales para tener una perspectiva espacial de su distribución, pero también podemos identificar futuros nichos de mercado para obtener futuros clientes, podemos incorporar un valor añadido a los clientes indicando qué pueden visitar o dónde comer por los alrededores de nuestro negocio, podemos optimizar las rutas de distribución de nuestros productos, etc.

Cómo hacer un mapa

A la hora de realizar un mapa, hay que atender a tres pasos principales:

1. **Insertar los datos:** se trata de introducir los datos en el mapa, bien a través de la georreferenciación directamente sobre el mapa, bien importando ficheros con los puntos y sus coordenadas (shp, kml, gpx, etc.) o bien importando los datos desde una hoja de cálculo tipo Excel o similar (extensión csv).

2. **Crear el mapa:** una vez tenemos los datos, podemos clasificarlos en tres tipos: puntos (recursos, clientes, negocios, etc), líneas (rutas turísticas, carreteras, flujos, etc.) y polígonos (términos municipales, zonas de riesgo, zonas comerciales, etc.).

3. **Exportar el mapa:** para poder usar ese mapa en nuestra página web o blog, podremos exportarlo básicamente de tres formas: mediante la URL o enlace del mismo, mediante un código HTML que nos permitirá insertarlo o compartiéndolo directamente en nuestras redes sociales.

Herramientas

Existen numerosas herramientas para realizar mapas en Internet, desde las más complejas -mediante los Sistemas de Información Geográfica (SIG)- hasta las más sencillas que nos propone Google Maps.

En esta ocasión vamos a citar **cuatro de las herramientas más sencillas** que podemos usar:

Google Maps Engine Lite: se trata de la herramienta de Google Maps para hacer mapas. Antes se accedía desde "Mis Sitios" de Google Maps, pero el pasado año se transformó en esta nueva herramienta. Permite crear y compartir mapas de forma sencilla. Entre sus novedades está que se puede importar información estadística y que se pueden generar hasta tres tipologías de leyenda, pero como punto negativo ha desaparecido el contador de visitas y la posibilidad de importar archivos kml. La gran ventaja es que se trata de una herramienta de Google y, por tanto, posiciona muy bien en el buscador.

Arcgis Explorer online: se trata de una herramienta elaborada por una de las grandes empresas de cartografía mundial, ESRI. Mediante esta herramienta gratuita han logrado generar un Sistema de Información Geográfica (SIG) para trabajar *online*, con todas las ventajas que supone, desde una cartografía propia hasta la posibilidad de incorporar cartografía de otros servidores, desde la generación de información hasta la opción de incorporar información externa a través de extensiones como csv, shp y gpx.

Ikimap: es una herramienta gratuita colaborativa que permite de forma muy sencilla buscar mapas, crearlos y compartirlos entre los usuarios. La diferencia con los anteriores es que tiene un componente más colaborativo, permitiendo que los usuarios puedan usar las capas de información creadas por otros usuarios y conformar sus propios mapas.

<u>Wikiloc</u>: se trata de una herramienta creada para generar y compartir rutas por todo el mundo. Creada en Gerona, sus datos aparecen en las capas de la aplicación de escritorio de Google Maps y es utilizada en todo el mundo. Más que hacer

un mapa, permite hacer rutas sobre mapas, tanto georreferenciando como incorporando información externa, tanto en la web como en el móvil, lo que la hace muy interesante para el ámbito del turismo.

<u>Wikiloc</u>: se trata de una herramienta creada para generar y compartir rutas por todo el mundo. Creada en Gerona, sus

http://www.contunegocio.es/marketing/una-mapping-party-para-geolocalizar-tu-negocio/

Podemos traducir *mapping party* como "fiesta del mapa" y es una actividad colectiva y colaborativa para "mapear" un territorio. Originalmente surge vinculada a los movimientos de cartografía libre como OpenStreetMap. Se trataba de hacer acciones concentradas en un espacio concreto y generar un mapa con capas de información por parte de los participantes, que posteriormente lo suben a Internet.

Openstreetmap es una organización, me gusta decir que es como la Wikipedia de los mapas, un mapa mundial lleno de información hecho por todos y por nadie en concreto, aunque organizado para utilizar un lenguaje cartográfico común; tradicionalmente hay grupos denominados "geoinquietos", que se encargan de promover estas acciones en las distintas regiones de España.

Las **ventajas de esta herramienta** son varias, pero yo destacaría tres:

- Se trata de mapas hechos por personas y ciudadanos, no necesariamente profesionales y en ningún caso empresas privadas.
- Los datos que se generan se comparten de forma gratuita y altruista con todos los usuarios, de forma que todos se beneficien de este trabajo.
- La rapidez en generar la información hace que sea fácilmente actualizable y, por ello, son los mapas más actualizados que conozco.

Pero si se trata de una acción colaborativa, ¿cómo puede ser útil para un pequeño negocio? Este fin de semana he participado en un evento, la Mapping Adeje, la primera *mapping party* de las Islas Canarias, en la que se han introducido algunas características que la hacen ideal para los negocios.

Uno de los elementos diferenciadores es que se ha preparado por parte de dos empresas privadas, apoyadas por la administración pública, lo que asegura que las acciones tienen un componente muy práctico y aplicado a la realidad empresarial. Los encargados de la iniciativa en este caso han sido **Francis Ortiz, de** Crea **y Miguel Febles, de** Geodos.

En este caso, el evento fue promovido por el Ayuntamiento de Adeje (Tenerife), pero puede hacerse por parte de una asociación y grupo de empresarios y/o comerciantes. La acción no ha consistido tanto en hacer unos mapas, que por otra parte ya existen de alguna forma, como en generar información geolocalizada.

Además no sólo se ha obtenido información de dónde está cada negocio en tiempo real, sino de qué tipo de negocio se trata y, sobre todo, se ha hablado con cada uno de los comerciantes para explicarles la iniciativa y que se sientan integrados en ella.

Esa información se va a subir a Openstreetmap, pero también se va a incorporar a la cartografía pública del municipio de Adeje, de forma que se mejore la información existente y se corrijan errores.

El siguiente paso es realizar una serie de formaciones para que las empresas aprendan a dar de alta su negocio en Google Places y, por tanto, aparezcan tanto en las búsquedas de Google como en los mapas de Google Maps.

De esta forma, **todos salen beneficiados**:

- **La administración pública**, porque cuenta con una base de datos actualizada de las empresas y, por tanto, puede ofrecer mejores servicios concretos y conseguir que su inversión sea eficiente.

- **Los negocios**, porque quedan geolocalizados en tres tipos de mapas distintos: mapa municipal, Openstreetmap y Google Maps, y además con información actualizada.

- **Los ciudadanos**, porque pueden conocer la localización de sus negocios locales y ayudar a su desarrollo mediante la compra.

Por tanto, con esta experiencia se demuestra que la realización de *mapping parties* puede ser un elemento de generación de información geolocalizada de los negocios y de vertebración del territorio, con la que todos obtienen ventajas.

La geolocalización es una **herramienta de comunicación** entre el entorno físico (*offline*) y el entorno digital (*online*) y, por tanto, es fundamental para que tu negocio aparezca en Google y atraiga clientes a tu comercio o tienda física.

Uno de los elementos más interesantes de este concepto es que con la geolocalización desaparece el concepto clásico de centralidad, según el cual la zona de más **accesibilidad del espacio** era el centro de la ciudad y ésta definía la estructura comercial.

Pero con la llegada de **Internet** las reglas han cambiado y hoy en día cualquier negocio, esté donde esté, en un lugar apartado de interior o en un barrio escondido de una ciudad, puede tener las mismas posibilidades de visibilidad que la más cara de las zonas.

Este año 2014 se celebra el Congreso Web de Zaragoza, los días 9, 10 y 11 de mayo, uno de los eventos más interesantes y en el que he tenido el honor de participar en dos ocasiones. Esto me ha recordado que la pasada edición estuve en **La Jamonería**, un establecimiento que se encuentra alejado del centro de la ciudad, pero que está perfectamente situado en el mapa de los clientes que buscan algo único y diferente.

Se trata de un negocio tradicional (14 años) gestionado por un gran profesional, **Félix Martínez,** y su equipo, y cuyo atractivo se basa lógicamente en el jamón, pero también en recetas de cocina muy tradicionales y una selección de vinos de gran calidad.

Este establecimiento ha logrado **posicionarse** como un lugar de referencia y hay clientes que acuden incluso de otras partes de España a comer o cenar, pero además el uso de las redes sociales ha hecho que se posicione también en Internet y haya multiplicado ese efecto, de forma que el supuesto *handicap* de no estar en una calle de paso o transitada se suple perfectamente con ser un lugar que se busca por su reputación y que se localiza por su visibilidad en Internet.

Precisamente por eso he querido mencionarlo en este *post*, porque se trata de un negocio pequeño y tradicional, como la mayoría de los negocios en España, y porque no realiza un uso de las redes exagerado, sino sencillo y eficiente. Además tiene pequeños detalles y "guiños" a los usuarios de las redes sociales que, unidos a la **creatividad, logran** empatizar con el cliente desde el primer momento.

A través de sus distintas redes sociales podemos comprobar los resultados que arroja:

Si ponemos **"La Jamonería" en el buscador Google**, aparecen unos primeros datos muy reveladores:

- En primer lugar aparece la web del establecimiento, www.elcortadordejamon.com. Como tiene reclamada la ficha de Google Places, aparece la dirección con el marcador debajo de la web, la puntuación (4,7 sobre 5) y nueve reseñas en Google Plus.

- La parte derecha de la pantalla la ocupa la ficha de **Google Places** con la foto, la ubicación en el mapa, la dirección y de nuevo la puntuación y las reseñas.

- La segunda entrada es de la red social Facebook, donde destaca la localización, indicando que "247 personas estuvieron aquí" y con 68 calificaciones como empresa local y 895 personas que han pulsado en "Me gusta".

- La tercera entrada es el usuario de Twitter de Félix Martínez, el propietario, con 5.294 seguidores y con la geolocalización en la "bio" de Zaragoza.

- El resto de entradas son de otras páginas web y la mitad de la primera página es de páginas de Tripadvisor de otros sitios y negocios.

- En la segunda página aparece, en el puesto 17, la página de Foursquare de La Jamonería, con 23 seguidores y 5 *tips* o comentarios.

Por tanto, podemos decir que gracias al uso de las redes sociales principales y **geolocalizando el negocio** correctamente, este establecimiento ha logrado estar el primero con su marca en Google y posicionarse por encima de redes tan importantes como Tripadvisor.

Pero, además, hay otras redes sociales que usa con el componente de la geolocalización:

- La empresa está "verificada" en Google Local y dispone de 1.937 visitas.

- También tiene página de empresa en Google Plus ,con 585 seguidores y 4.455 vistas.

- El lugar de Foursquare, que está reclamado y tiene una puntuación de 9 sobre 10, 306 visitantes que han dejado *46 tips* o comentarios y dos promociones a través de Specials.

- La página de Yelp, con una puntuación de 3 sobre 5 y 3 comentarios, aunque son de hace más de tres años, por lo que han perdido su validez.

- La página de Tripadvisor, situada en el puesto 84 de 767 restaurantes de Zaragoza, con 17 opiniones que lo valoran como "normal, muy bueno y excelente", y no hay opiniones negativas.

- **Google Maps**: si buscamos "Zaragoza", nos lleva a la ciudad y uno de los primeros iconos que destaca sobre todos los locales de la ciudad es el de La Jamonería.

- El canal de vídeo de Youtube, con 22 suscriptores y 27.441 visualizaciones.

- La página de Pinterest, con 10 tableros que albergan 113 "pines" y con 69 "me gusta".

- El perfil de Instagram, con 619 fotos publicadas que son seguidas por 572 personas.

- El perfil de Flickr, con 2.361 fotos.

- La red social especializada en gastronomía Foodspotting.

En definitiva, con una presencia activa en redes sociales y teniendo optimizada la geolocalización en todas ellas, un negocio puede lograr un resultado muy destacado en Internet y posicionarse por encima de su competencia, aunque, como siempre, lo importante es que los clientes acudan a este restaurante, prueben su jamón y lo cuenten a sus amigos, así que ya sabes, si pasas por **Zaragoza** no dejes de hacer una visita a Félix y su Jamonería y luego nos lo cuentas.

 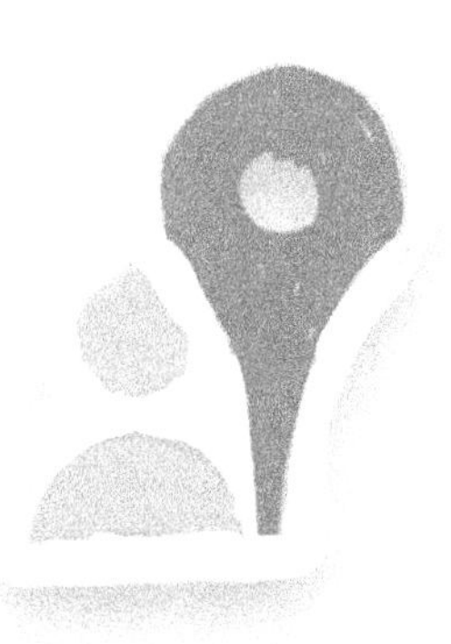

http://www.contunegocio.es/marketing/como-ayuda-
geolocalizacion-posicionamiento-negocio-google/

Los negocios ya no sólo tienen una dirección física, ahora es necesario que tengan una presencia en **Internet**. De una u otra forma pero aparecer en Internet porque ya es una realidad y es básico para los negocios estar ahí. Al mismo tiempo **Google** es el principal buscador en España y cualquier negocio lo que quiere es que su negocio aparezca en la primera página.

Pues bien, para esto se emplean diversas técnicas desde el posicionamiento de pago (**SEM**), hasta el posicionamiento natural (**SEO**), el uso de las redes sociales (**SMM**), etc. Básicamente estas técnicas se emplean a varios niveles:

1.- **La web:** análisis y optimización de la página web del negocio.

2.- La web en Google: análisis de la presencia en Google de la web de nuestro negocio

3.- Otras webs: la presencia de nuestro negocio en directorios

4.- Redes Sociales: la presencia del negocio o gente hablando de éste en las redes sociales

Todo esto puede resultar muy complejo pero en este caso lo que se pretende es dar unas claves de cómo la geolocalización, usada de forma sencilla, puede ser muy útil para el posicionamiento de un negocio en Internet.

1.- La web

- En todas las webs hay una página de localización, no pongas un dibujo de un mapa ni una foto sin etiquetar, pon un mapa de Google embebido (con el código HTML que se genera en Google Maps) o, en su defecto, una foto de ese mapa enlazando a Google Maps.

2.- Google:

- Google Local es cada vez más importante en los negocios locales en Internet. Da de alta tu negocio porque así te aparecerá en la parte superior derecha de la pantalla cada vez que alguien lo busque. No te olvides de rellenar toda la información posible que te facilita este servicio.

3.- Directorios:

- Es importante estar en todos los directorios posibles, algunos de ellos gratuitos: páginas amarillas, top rural, buscorestaurantes, booking, atrápalo o la página web de tu ayuntamiento son sitios donde tienes que estar tu negocio y es muy sencillo darse de alta.

4.- Redes Sociales:

- La presencia en redes sociales es básico para tu negocio. No siempre han de abrirse para ser mantenidas, en ocasiones con tenerlas simplemente abiertas permite aumentar tu presencia en Internet y aparecer en los resultados de búsqueda.

Podemos estar en las principales redes y en todas hay un componente de geolocalización:

- Redes Sociales de contenido

Youtube: cuando subas un video utiliza las opciones avanzadas para geolocalizar dónde se ha grabado.

Flickr: informa de dónde se ha hecho cada foto y genera un mapa de tus mapas geolocalizadas.

Pinterest: si te interesa indicar una localización edita las fotos y en la url del enlace puedes poner una dirección a un mapa en Internet.

Instagram: cada vez que subas una foto puedes geolocalizarla y que se sepa dónde se ha realizado.

- Redes Sociales de conversación

Facebook: rellena todos los datos de la dirección de tu negocio y aparecerá un mapa de Bing (Microsoft) con la misma.

Twitter: utiliza la ubicación de los tweets y la propia cuenta para que se sepa dónde estás.

Google Plus: puedes indicar dónde estás en tu perfil pero también puedes indicar dónde se ha realizado cada fotografía que subas.

- Redes Sociales de geolocalización social

Google Local: da el alta gratuitamente en Google Places y reclama tu negocio.

Foursquare: abre ficha de tu negocio como lugar o reclámalo si ya está dado de alta y haz checking cada vez que vayas a trabajar.

Yelp: al igual que la anterior red puedes abrir ficha de tu negocio como lugar o reclamarlo si ya está dado de alta.

Facebook Places: en estos momentos los lugares se han fusionado con las páginas pero puedes hacer checking en tu negocio para decir dónde estás.

http://www.contunegocio.es/tecnologia/tu-negocio-en-google-con-places-para-empresas/

Google Places para empresas es el servicio de Google para hacer visibles los negocios en Internet, tal y como dicen en su propia web: "Haz que te encuentren en la búsqueda de Google, Maps, Google+ y dispositivos móviles". La forma de hacerlo es a través de tres pasos:

1. **Registro:** ponte en marcha en cinco minutos, el registro es fácil, rápido y gratuito. Basta con iniciar sesión en tu cuenta de Google y verificar que eres el propietario.

2. **Información:** hazte visible en Internet, proporciona a tus clientes la información adecuada de tu empresa actualizando los datos de contacto, los horarios y mucho más.

3. **Conexión:** conecta con tus clientes, aprende de sus comentarios y responde a las reseñas como propietario oficial de la empresa.

En diversas ocasiones hemos hablado de este servicio y otros similares alrededor de la geolocalización de los negocios de Google, pero esta semana se ha producido un cambio muy importante, ya que **Google ha cambiado completamente la forma de visualizar y organizar estos servicios**, centralizando todo en torno a un panel de control muy interesante.

Por tanto, lo que tenemos que hacer es entrar en la web de Google Places para empresas e ingresar con nuestro correo electrónico de Google, Gmail, en la parte superior derecha de la pantalla, donde pregunta: "¿Ya tienes cuenta? Inicia sesión".

Entramos en una pantalla donde se pueden visualizar todas las cuentas con las que trabajamos y uqe nos permite editar directamente la ficha o acceder al panel de control de forma genérica, o bien acceder directamente a los diversos servicios que ha integrado: **Ficha de empresa, reseñas, Adwords Express, Página de Google+ o Insights**. También nos permite, en la parte inferior, añadir una nueva ficha de empresa.

Una vez accedemos al **panel general,** esta división pasa a la parte izquierda de la pantalla en formato vertical, dejando la parte central para el uso, muy intuitivo y sencillo, de cada una de estas herramientas:

- **Ficha de empresa:** podemos añadir una fotografía de nuestro negocio directamente, ver la dirección, la descripción, la categoría y el horario. Además, una barra de información nos indica hasta qué porcentaje está completa dicha ficha con la frase "Completa la información de tu empresa", facilitando hacerlo y, por tanto, optimizándola y mejorando su eficiencia.

- **Reseñas:** "descubre los comentarios de tus clientes en toda la Web. Consulta y analiza sus valoraciones en un mismo lugar. Responde a sus comentarios fácilmente". Aparece una bandeja de entrada de reseñas, que diferencia entre reseñas de usuarios de Google o en la web, así como el acceso a las estadísticas de las mismas.

- **AdWords Express:** "Aparece en cualquier dispositivo donde los clientes te busquen en la Web (ordenadores, *tablets* o móviles). Configura el servicio en unos minutos y paga únicamente cuando hagan clic en tu anuncio". Para ello nos lleva por diversos pasos: selecciona a tu público, crea un anuncio, establece el presupuesto, revisa tu anuncio y finaliza la transacción.

- **Página de Google+:** "Esta ficha de empresa y tu página de Google+ están vinculadas. Accede a tu página para responder a las reseñas y compartir novedades con tus clientes". Este es uno de los aspectos más importantes, ya que Google confirma el proceso de integrar sus páginas con los lugares, que son gestionados por el administrador, tal y como ocurre en los negocios *offline*.

- **Insights:** también es una herramienta básica, donde podemos obtener estadísticas de nuestro negocio en los últimos 90 días, identificando tanto acciones como lo más buscado mediante las palabras clave.

Además de las anteriores, en la página aparecen otras herramientas para empresas de Google:

- **Google Analytics,** para optimizar el sitio web de tu negocio.

- **Google Apps,** para conseguir direcciones de correo electrónico, documentos, reuniones y otras aplicaciones.

- **Fotos de negocios en 360°**, que definen como un recorrido virtual por tu negocio con la tecnología de Street View.

Así pues, tenemos todos los recursos de Google para los negocios locales en una sola página y a un solo clic, lo que confirma la **apuesta del gigante de Internet por la geolocalización** y facilita a las empresas todas estas herramientas gratuitas.

http://www.contunegocio.es/marketing/google-local-posicionar-empresa-en-google/

Google tiene los servicios más populares de mapas en estos momentos. Con Google Maps podemos visitar el planeta en 2 dimensiones, con Google Earth en 3 dimensiones, con Google Street View a pie de calle, con Google Ocean el océano, con Google Sky el cielo, con Google Moon la luna, con Google Mars el planeta Marte y con Google Places los negocios y ahora con **Google Local** los negocios en la red social Google Plus.

Todo estos servicios son gratuitos pero es sin duda Google Local el que nos permite gestionar nuestra empresa en Internet de forma sencilla y con resultados espectaculares.

Google Places: la empresa

Desde la misma página de Google Places para negocios (Google Place for Business) se muestran las tres opciones que nos da este servicio y que destacan por ser gratuitas:

1.- Ten presencia en la web: para encontrar tu negocio en Google Search, Maps, Google +, y los dispositivos móviles

2.- Mejora la información de su negocio: dando a los clientes la información correcta acerca de tu negocio

3.- Conéctate con clientes: consigue comentarios de tus clientes y responde a los comentarios que hagan

Esta información mejora ostensiblemente el **posicionamiento natural de tu negocio** pero además Google ofrece la posibilidad de unos **servicios Premium de publicidad**, lo que ayuda a traer más gente a tu negocio mediante la promoción de la información de los listados a la derecha a los clientes. Una vez que tengas una lista de lugares para el negocio, puedes anunciar tus productos o servicios a través de AdWords Express y Google Offers.

Google Local: los clientes

Antes los negocios de Google aparecían en Google Maps de forma automática, pero desde hace unos meses Google ha unido este servicio a su red social Google Plus, de forma que ha aparecido un nuevo servicio denominado Google Local, que une las ventajas del negocio con las ventajas de la red social.

1.- Accede a opiniones de confianza en cualquier producto o servicio de Google, utilizando un sistema de recomendaciones a través de los círculos de amistad de Google Plus y por tanto afectando directamente a la reputación online del negocio.

2.- Elige rápidamente el mejor lugar, no sólo la gente opina sino que tiene la posibilidad de puntuar la comida, el servicio o la decoración por separado.

3.- Ayuda a los demás con tus opiniones, compartiendo tu experiencia en forma de texto y fotografías con tus círculos e influenciando en tu red social.

La Guía de usuarios de Google Places

La Guía de usuario de Google Places del propio Google nos permite:

- Primeros pasos con una empresa local en Google Places
- Cómo añadir y verificar una ficha de empresa
- Cómo consultar el panel de tu cuenta
- Cómo modificar la ficha de tu empresa
- Cómo editar el archivo de datos o añadir nuevas ubicaciones
- Más funciones: fotos, videos, comentarios, inclusión en tu sitio web etc.

Busca tu empresa en Google

Para empezar a trabajar podemos lo primero que tenemos que hacer es buscar si nuestra empresa está en Google Maps como negocio. Entrando en este enlace nos permite buscar mediante nuestro número de teléfono la empresa y saber si existe, por lo que reclamaremos la opción de personalizar la información existente sobre la misma, o bien si no existe, por lo que solicitaremos darla de alta como negocio.

Otra opción es buscar nuestra empresa directamente en Google Maps, ya que si está dada de alta aparecerá incorporada al mapa y, al pulsar sobre ella, podremos acceder a la ficha de Google Local y solicitar "Administrar página" en la pestaña inferior derecha de este lugar.

Añade información de tu empresa

A partir de ahí nos pedirá cumplimentar una serie de datos, es muy importante completar todos los datos, ya que afectará directamente al posicionamiento natural (SEO) de nuestro negocio tal y como indican grandes profesionales como **Aleyda Solis** en su post "SEO en Google Places", **Senor Munoz** en sus artículos sobre "Google y mapas" o **Juan Carlos Sierra** con su post de "SEO Local y geolocalización de servicios Google".

Obtén resultados inmediatos

Una vez seamos capaces de administrar nuestro negocio podremos controlar toda la información que queramos del negocio, que además aparecerá destacado en el buscador Google en la parte derecha cada vez que busquemos su nombre y también aparecerá directamente en Google Maps.

A partir e ese momento hay que trabajar esta herramienta como si de una red social se tratar, dinamizando conversaciones, aportando contenido de valor, respondiendo a comentarios, etc.

Últimas novedades

1.- Unión de Google Local y Páginas de Google Plus: Hay que anotar que Google está realizando bastantes cambios con esta herramienta, e incluso está empezando a unir Google Local y las páginas de Google, de forma que se pueda gestionar el negocio de forma completa desde nuestro usuario en Google Local.

2.- Aparición de iconos en el nuevo Google Maps: como novedad más reciente, la nueva versión de Google Maps que ya está en modo de prueba para los usuarios que lo soliciten, trae un cambio muy importante: en vez de aparecer el negocio sólo si se busca y en forma de marcador, la nueva versión hace que, tan sólo acercándonos al mapa vayan apareciendo negocios con unos iconos personalizados por temas que, al pulsar, nos lleven directamente al negocio.

**http://www.contunegocio.es/marketing/como-poner-anuncios-
geolocalizados-de-tu-negocio/**

A la hora de establecer una estrategia de promoción en
Internet podemos emplear diversas estrategias, normalmente
combinadas:

Marketing de contenidos: generar contenidos de valor que
posicionen nuestro negocio en los primeros puestos de
Google.

Marketing de conversación: usar las redes sociales para
generar conversaciones en torno a nuestra marca o negocio.

Marketing de pago: realizar anuncios mediante el uso de
palabras clave que nos sitúen en una posición óptima en
Google.

En este último caso la geolocalización tiene un valor muy importante:

- En Google Adwords se realiza una selección del espacio geográfico donde queremos que aparezcan nuestros anuncios.
- En Facebook Adds también hay un componente geográfico que nos permite definir dónde queremos actuar.
- En Twitter Adds de momento solo se admite anunciar *tweets* en inglés y que tengan su origen en Estados Unidos.

La mayoría de búsquedas a través del móvil tiene un componente local, buscamos algo cerca de nosotros o a nuestro alrededor; si lo que hacemos es buscar en Google Maps, aparecen unos anuncios en la parte inferior, que son lo que se denomina Google Adwords Express. Es muy sencillo realizar estos anuncios, si se siguen estos pasos:

1. Seleccionar público

- Personas que buscan productos o servicios en un radio determinado de la ubicación de nuestra empresa. Dicho radio será hasta un máximo de 65 km.

- Personas que hablan el idioma seleccionado.

- Personas que buscan una categoría.

2. Crear un anuncio

- Título.

- Texto del anuncio.

- Los clicks del anuncio dirigen a: la página de la empresa en Google Local.

- Vista previa de los tipos de anuncio.

3. Establecer el presupuesto o cantidad diaria que queremos invertir en publicidad, indicando el promedio de euros al día aconsejados.

4. Revisa tu anuncio

- Nombre.

- Contenido del anuncio.

- Ejemplo del anuncio que hemos creado.

- Público.

- Presupuesto.

5. Configuración del perfil de facturación

Una vez realizados estos pasos, se pueden visualizar los tipos de anuncio en los distintos formatos en los que aparecerán, a saber:

- Anuncio en la red de búsqueda.
- Anuncio en la búsqueda para móviles.
- Anuncio en Google Maps.
- Anuncio en la Red de Display (conjunto de sitios web y aplicaciones) de Google.

A partir de aquí la forma de gestionar es la misma que si trabajamos con Google Adwords, la diferencia en este caso es que se le da especial importancia al elemento de la geolocalización.

Normalmente se aconseja que estas campañas de publicidad se realicen o bien en momentos puntuales en los que queramos hacer una promoción, o de forma continua como una estrategia de presencia local, pero siempre combinadas con las otras dos estrategias citadas al comienzo del artículo: **contenidos y conversación.**

La semana pasada se cumplieron quince años del nacimiento de **Google**, el buscador que ha revolucionado Internet y que ahora mismo domina el mercado.

En varias ocasiones hemos hecho mención a los servicios de Google relacionados con la **geolocalización**, pero en este caso vamos a hacer un repaso exhaustivo de todos las herramientas de Google que podemos utilizar para geolocalizar nuestro negocio.

Google Maps: Es, sin duda, una de las aplicaciones más utilizadas por los usuarios. Un mapa mundial que podemos observar en varias dimensiones y que se convierte en un buscador de lugares y negocios y nos indica cómo llegar a ellos. Recientemente ha sido renovado, ha introducido cambios importantes para hacerlo más visual e intuitivo.

Google Earth: El planeta en fotografía de satélite y con mucha información. Hace unos años Google Maps incorporó la opción de verlo en tres dimensiones en la versión web. Pero, sin duda alguna, es mucho más potente la versión de escritorio, que se puede descargar e incorpora muchísima información y posibilidades de viajar por la Tierra y de descubrir sitios.

Panoramio: Un servicio que permite geolocalizar las fotografías que hacemos y que fue desarrollado por dos valencianos y comprado por Google e incorporado en Google Earth, lo que ha supuesto la generación de una gran base de datos fotográfica de paisajes de todo el planeta.

Google Plus: La red social de Google que incorpora numerosas novedades y utilidades para los usuarios. Desde la creación de eventos e información sobre los mismos y su lugar de celebración hasta la posibilidad de geolocalizar todas las fotos que colgamos y que mejoran el posicionamiento natural en buscadores (SEO).

Google Places: Inicialmente incorporó numerosos negocios geolocalizados para que cuando se buscaran en Google Maps apareciera su información. También ofrece la posibilidad de reclamar dichos negocios para completar esa información y mejorar la visibilidad en Google. Recientemente se ha unido con Google Plus y ha dado lugar al denominado Google Local.

Google Local: Cuando Google incorporó Google Places a Google Plus hizo posible que los usuarios compartieran la información de un lugar o negocio en su red social, puntuaran el servicio recibido o realizaran comentarios, lo que afecta directamente a su reputación *online* y es clave en el posicionamiento natural del buscador.

Wikiloc: Una herramienta que permite subir rutas de todo tipo y compartirlas con otros usuarios, generando una de las mayores plataformas de rutas turísticas del mundo. Una empresa ubicada en Gerona y cuyo servicio ha sido incorporado como capa de información en la versión de escritorio de Google Earth, aunque también puede consultarse en la propia página web.

Google Mars: El planeta Marte cartografiado y con información de su topografía y de las diversas expediciones que se han realizado desde hace años. Puede consultarse en la versión de escritorio de Google Earth o en la propia web.

Google Moon: La Luna cartografiada como Marte y con toda la información de su topografía, los cráteres y las misiones espaciales. Puede consultarse en la versión de escritorio de Google Earth o en la propia web.

Google Sky: La astronomía en Google. También podemos observar el cielo desde la versión de escritorio de Google Earth. Nos geolocalizamos en un punto del planeta y al activar este servicio vemos el cielo con las constelaciones y sus nombres justo encima de nosotros.

Google Ocean: Si en lugar del cielo queremos explorar la Tierra, también podemos descender a los océanos entrando literalmente en el mar y "buceando" en cualquier lugar del mundo. Incluye toda la topografía de la corteza terrestre y de las montañas submarinas.

Google Sketchup: Para generar imágenes en tres dimensiones. Este servicio nos permite, con un programa muy sencillo, trabajar con formas y volúmenes y recrear edificios, compartirlos con los usuarios, geolocalizarlos y que aparezcan de nuevo en la versión de escritorio de Google Earth, recreando un mundo virtual en tres dimensiones.

Google Hotel Finder: es uno de los servicios que está revolucionando el sector turístico. Google ha creado una web donde integra información de hoteles de todo el mundo, permite realizar la búsqueda en función de diversos criterios y si nos decidimos por la contratación nos lleva directamente al servicio de pago de webs externas (Booking, Atrápalo, etc). Ahora mismo cuando buscamos "hotel" con una ciudad junto a la búsqueda aparece en primeros resultados del buscador debajo de los anuncios y justo antes de las entradas naturales.

Google Flights: Otro servicio similar al anterior pero con vuelos de todo el mundo. Podemos seleccionar a golpe de clic de dónde a dónde queremos volar y en segundos tendremos todos los vuelos existentes y la posibilidad de reservar uno o varios asientos.

Google Maps Engine: Antes Google ofrecía la posibilidad de hacer mapas con "Mis sitios" de Google Maps. Con la nueva actualización esta opción ha desaparecido, pero han creado una web donde se pueden crear mapas de forma sencilla pero incorporando la posibilidad de utilizar bases de datos alfanuméricas, lo que hace de este servicio un verdadero Sistema de Información Geográfico (SIG) muy sencillo, pero con gran potencial.

Google Map Maker: No está disponible en España, pero sí en cientos de países de todo el mundo. Permite a los usuarios participar en la creación y mejora de Google Maps, corrigiendo errores y optimizando los mapas. Una especie de "Wiki" de mapas donde se crea información a través de los usuarios.

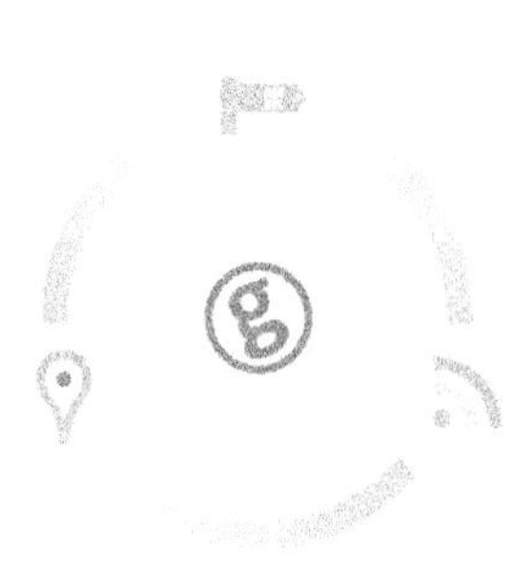

http://www.contunegocio.es/tecnologia/google-hotel-finder-imprescindible-para-tu-hotel/

Google Hotel Finder es el buscador de hoteles de Google que, en sus propias palabras, "permite comparar y reservar fácilmente hoteles que se encuentran en la Web" y, tal como dice Pedro Delgado, director general de Mirai, "es una oportunidad para los hoteleros".

Inicialmente comenzó con una versión web que ha cambiado varias veces para adaptarse a los usuarios. También se está adaptando poco a poco a los dispositivos móviles, de hecho ya permite búsquedas en todo el mundo adaptadas a los navegadores web, si bien aún no dispone de una aplicación para iOS o Android.

Pero lo más interesante de **Google Hotel Finder** es que se limita a geolocalizar e integrar los hoteles en un buscador, de forma que no genera información ni tiene que esforzarse en actualizarla, simplemente es un portal muy intuitivo.

Uno de los elementos básicos es la presencia y la información de **Google Plus** y Google Local, ya que los comentarios, fotografías y puntuaciones hacen que aparezcan mejor posicionados estos hoteles. Una vez seleccionado el hotel, la reserva se realiza a través de los portales en los que el hotel esté dado de alta.

Ahora mismo, si ponemos la palabra "hotel" seguido de una ciudad en España, nos aparecen, en primer lugar -sombreados en color- los anuncios de pago, los **enlaces patrocinados**. Es la comparativa de hoteles de **Google Hotel Finder,** que nos da acceso a este portal, por tanto, el posicionamiento en Google es óptimo.

Google Hotel Finder ofrece numerosos **servicios** como:

- buscar hoteles según los criterios que más te interesen,
- consultar información precisa y detallada sobre esos hoteles,
- consultar información sobre la ubicación,

- realizar un seguimiento de tus principales selecciones,
- comunicarte con hoteles y proveedores para reservar una habitación.

Qué información ofrece de los hoteles

- **Descripción general**: información de contacto, descripción del propietario, fotos y opiniones de otros usuarios de Google.
- **Fotos**: muestra todas las fotos disponibles del hotel.
- **Reseñas**: consulta las puntuaciones locales de Google+ de ese hotel y las reseñas escritas por otros usuarios de Google.
- **Habitaciones**: consulta los tipos de habitaciones disponibles proporcionados por los agentes de reservas haciendo clic en "Más" y reserva una habitación.

Los filtros de búsqueda

Permite utilizar unos filtros que aparecen debajo del cuadro de búsqueda para restringir la selección de hoteles según nuestros intereses:

- **Fecha**: haz clic en el cuadro de búsqueda de fechas para introducir las fechas de estancia en el hotel con hasta 90 días de antelación.

- **Precio**: puedes utilizar el menú desplegable para restringir los resultados de hoteles al precio por noche máximo que quieras pagar.

- **Categoría del hotel y valoraciones de los usuarios**: para que solo se muestren hoteles superiores a una determinada categoría, selecciona el número de estrellas mínimo que te gustaría que tuvieran los hoteles.

- **Servicios**: haz clic en el menú desplegable de servicios para que solo se muestren hoteles que ofrezcan determinados servicios (por ejemplo, desayuno, aparcamiento, Internet...) o en la opción **Más...** para ver una lista completa de los servicios disponibles.

- **Cadena**: puedes utilizar el menú desplegable para restringir los resultados de hoteles a las cadenas que prefieras.

- **Ubicación**: utiliza el menú desplegable para ver solamente los hoteles de un barrio específico disponibles en determinadas ciudades.

Servicio de ayuda

Pero, ¿cómo pueden usarlo los propietarios de los hoteles? Google ofrece en su servicio de ayuda una serie de respuestas a las siguientes cuestiones:

- Cómo puedo incluir mi hotel en la Búsqueda de hoteles de Google.
- Cómo corregir información obsoleta o inexacta sobre el hotel.
- Cómo corregir fotos obsoletas o inexactas: eliminar o añadir fotos.
- La Búsqueda de hoteles de Google muestra información inexacta de mi hotel. ¿Cómo puedo solucionarlo?
- Aparecen fichas duplicadas de mi empresa. ¿Cómo puedo combinarlas?

En resumen: 5 claves para mejorar tu posicionamiento

1. **Número y calidad de las críticas y comentarios.** Este es uno de los factores principales, es muy raro encontrar hoteles con menos de cuatro o cinco estrellas (en función de los comentarios) entre los primeros lugares.

2. **El precio de las habitaciones** influye en dos sentidos. En primera instancia, Google muestra una clasificación donde influye el precio. Sin embargo, si el usuario ha realizado varias búsquedas sobre hoteles baratos en un determinado destino, Google terminará por dar prioridad a este tipo de hoteles para esa búsqueda concreta.

3. **Presencia en Google + Local.** Cada vez es más extraño que un hotel no tenga un perfil en Google + Local, debido a las propias políticas de la compañía. Google da prioridad a los hoteles que ya han tomado posesión de su página en esta aplicación.

4. **La calidad de las imágenes.** Curiosamente, muchos hoteles han cargado imágenes en distintas OTA (*Online Travel Agency*) pero no en Google + Local, que es la principal fuente de la que Hotel Finder toma sus imágenes.

5. **Proximidad con el centro de la ciudad.** Por defecto, Hotel Finder comienza su búsqueda desde el centro del destino.

http://www.contunegocio.es/tecnologia/google-busqueda-mapa-perfecto/

Google fue una auténtica **revolución en "virtualizar" el mundo**, es decir, en reproducir en Internet el territorio de la forma más fidedigna posible incorporando fotografías de satélite con Google Earth, mapas con Google Maps y fotografías de calles con Google Street View. De hecho, la frase que se muestra en la página de Google Maps es **"Hola, mundo: conoce Google Maps, la incesante búsqueda del mapa perfecto"**.

Pero no sólo se trata de ver esos espacios, sino que permite incorporar datos, es decir, capas de información de todo tipo (texto, foto, vídeo, enlaces, etc.) con las que el usuario puede personalizar su experiencia y compartir fotos a través de los medios sociales con su comunidad o red social.

Internet está avanzando cada vez más hacia esa **personalización.** De la denominada web semántica a la web 3.0 se ha pasado a lo que Tim O'Reilly, considerado uno de los creadores del concepto web 2.0, denominó **web sensible**, donde la generalización de los dispositivos móviles ha hecho que las personas generen información que se almacena y, de forma inteligente, es posible ofrecer al usuario resultados de búsqueda en función de su histórico, de lo que ha hecho y buscado en la Red.

Siguiendo esa filosofía, estamos viendo **mejoras en Google,** que avanzan hacia una personalización absoluta de sus servicios. Así, ofrece aplicaciones como Google Street View, pero sobre ellas están creando otras herramientas que permiten usarlo de forma individual. De este modo, no sólo logran que se sigan usando y eso genere tráfico web y, por tanto, datos y publicidad, sino que además ayudan a mejorar la experiencia del usuario.

El uso de las herramientas

Estas **herramientas** funcionan de una misma forma, de lo general a lo particular, del mundo al individuo y de éste al mundo:

1. **Una base cartográfica:** de exteriores (tanto en mapa como en fotografía de satélite, en dos y tres dimensiones) y de interiores (espacios colectivos y privados). Herramientas como Google Tour Builder, Google Map Views y Google Indoor Maps.

2. **Una base fotográfica:** de exteriores (tanto a pie de calle como en 360 grados) y de interiores (fotografías 360 grados de negocios). Herramientas como Photosphere y Google Business Fotos.

3. **Una información incorporada:** tanto por Google como por los usuarios, desde el ordenador o desde los dispositivos móviles.

4. **Una información compartida:** la posibilidad de compartir todo esto en la red social Google Plus y otras redes sociales.

5. **Un uso comercial:** generando tráfico y publicidad por parte de Google (y, por tanto, ingresos); y ventas por parte de los negocios, y favoreciendo compras por parte de los usuarios.

Los elementos en común

Todas estas herramientas tienen unos elementos en común:

- Utilizan Google Maps como base de localización.
  - Usan Google Earth como mapa de fotos de satélite en tres dimensiones.
  - Emplean Google Street View como herramienta de vista real.
  - Utilizan la tecnología Android en los móviles.

Un enfoque doble

Además, el enfoque de estas herramientas es doble:

- Por una parte, se crean unos lugares y espacios virtuales por parte de Google para mostrar a los usuarios lo más destacado del mundo,
- Por otra, ha generado herramientas para que cualquier persona pueda incorporar elementos propios.

Las intenciones de Google

De esta forma, una vez que Google ha creado la tecnología y la ha puesto al servicio de los usuarios, ofreciendo la posibilidad de **compartir esa información** en Internet, sobre todo a través de su red social **Google Plus,** se produce un rápido crecimiento no sólo de la comunidad de usuarios, sino también de la cantidad de información y el tráfico web.

Pero las intenciones de Google van más allá. Comenzó creando un mapa del mundo que revolucionó la forma que tenemos de observarlo y está logrando crear un mundo digital paralelo al real. Está alcanzando **el objetivo de unir ambos mundos** y que prácticamente todo lo que se puede hacer en el mundo físico pueda reproducirse en el digital.

http://www.contunegocio.es/tecnologia/google-las-nuevas-
herramientas-de-virtualizacion/

En uno de mis últimos *post* hablamos de Google, la incesante búsqueda del mapa perfecto, en el que se explicaba cómo dicho buscador ha mejorado sus herramientas de virtualización del mundo (Maps, Earth y Street View), para facilitar que los usuarios puedan generar sus propias virtualizaciones, personalizando su experiencia.

Google utiliza estas herramientas iniciales para **crear nuevas posibilidades increíbles,** que integran el mundo físico y el mundo digital, y nos permiten viajar sin movernos de casa o bien hacer que otros viajen por todo el mundo a través de lo que les transmitimos con nuestros móviles.

A continuación vamos a comentar algunas de estas **herramientas,** que han aparecido en las últimas semanas o bien se han consolidado este mismo año:

Google Tour Builder: un "constructor de visitas virtuales" creado en modo Beta con Google Earth. Se trata de una sencilla herramienta con la que podemos generar unos puntos sobre la vista de la Tierra en dos dimensiones. Esos puntos disponen de la posibilidad de incorporar texto y fotografías. Uniendo los distintos puntos podemos contar una historia o trazar una visita de cualquier lugar o tema en el mundo. Aquí disponéis de algunos ejemplos de Tours virtuales.

Google Map Views: se trata de un espacio web donde podemos observar sitios con fotografías panorámicas en 360 grados de todo el mundo. Podemos ver ejemplos en un mapa de la "Comunidad de vistas", que muestra lo que se está generando en todo el mundo, pero también tenemos la posibilidad de ver las colecciones especiales incorporadas en Street View, de forma que es posible observar prácticamente cualquier lugar del mundo sin movernos de casa. Estas fotografías se elaboran gracias a Photosphere.

Photosphere: fotografías esféricas en 360 grados que permiten observar un lugar desde todos los puntos de vista posible como si estuviéramos allí mismo. El modo Photo Sphere está disponible en la aplicación Cámara de los dispositivos Nexus que ejecutan Android Jelly Bean (4.2), pero también se pueden crear fotografías esféricas manualmente con una cámara réflex digital y un *software* para panorámicas de terceros.

Google Business Fotos: se trata de fotografías panorámicas en 360 grados que son visualmente semejantes a las anteriores, pero muy distintas en realidad, básicamente por dos motivos: en primer lugar, porque se trata de fotografías realizadas por profesionales que han sido validados por Google para poder subirlas a su plataforma y, en segundo lugar, porque son fotografías del interior de los negocios con un enfoque claramente comercial. Podemos ver algunos casos de éxito aquí.

Google Indoor Maps: se trata de la herramienta de Google para generar mapas de interiores, es decir, lograr trasladar el concepto de Google Maps al interior de espacios comerciales, culturales, educativos, etc., con todas las posibilidades de uso que ello supone.

Google Maps Floor Plans: Google ya permite generar planos desde móviles Android con Google Maps Floor Plans, donde es posible subir planos y fotografías de un espacio y compartirlos.

Google Cultural Institute: se trata de un ambicioso proyecto de Google para descubrir exposiciones y colecciones de museos y archivos de todo el mundo, geolocalizados y con vistas de tres elementos: arte (colecciones, artistas, obras de arte y galerías de usuario), exposiciones de momentos históricos y maravillas del mundo antiguo y moderno.

Un ejemplo de cómo va a funcionar todo esto es esta demostración de reserva de una mesa en un restaurante. Buscamos un restaurante en Google Maps, accedemos a Google Street View para ver dónde está, entramos con Google Business Photos para ver las mesas y, mediante un enlace, accedemos al sistema de reservas de la web.

Por último, podemos ver un ejemplo de algunas de estas herramientas en la magnífica infografía denominada "Entendiendo Street View" y generada por Francis Ortiz (@Fortizcrea) en Socialgeoweb.

http://www.contunegocio.es/marketing/14-consejos-para-optimizar-las-busquedas-locales-de-tu-negocio-en-google/

Siempre me gusta generar contenidos originales en torno al mundo de la geolocalización, las redes sociales y el turismo. Pero en esta ocasión voy a saltarme esa "regla no escrita", porque considero que vale la pena hacer una interpretación de un artículo que he leído sobre los 21 pasos para optimizar correctamente su sitio web para búsquedas locales de Google.

Se trata de un tema más vinculado con los profesionales del **SEO,** que son los que saben de esto, pero dada la importancia que tiene, me parece necesario destacarlo aquí. En realidad también se hace una introducción al esperado Google Carrussel, pero lo he obviado en este artículo para explicarlo con detenimiento en otro momento.

Desde hace tiempo vengo hablando de la importancia de Google Local en la estrategia comercial de Google y, por tanto, en la estrategia comercial de cualquier negocio en Internet, que de momento en la mayoría de países occidentales está dominado por éste.

Pero, además de estas herramientas, hay que tener en cuenta **Google Local Search**, que no hay que confundir con Google Local, ya que se refiere a qué factores son importantes a la hora de que Google muestre las búsquedas locales.

La mayoría de los negocios tratan de hacer todo lo posible por tener un lugar privilegiado en los primeros puestos de resultados de Google y de otros buscadores como Yahoo y Bing. Todos tienen claro que **la optimización de su sitio web y la presencia en Internet son claves para aumentar la visibilidad del negocio y sus ingresos.**

Debido a la cantidad de la cuota de mercado, todo el mundo sabe que su principal objetivo debe ser siempre optimizar la presencia en Google. El único problema es que **el posicionamiento natural o SEO cambia cada vez que Google modifica su algoritmo**. Además, con el surgimiento de las búsquedas semánticas del último cambio denominado "Colibrí" (Hummingbird), las estrategias han de adaptarse para lograr tener una ventaja sobre los competidores.

Por tanto, no se trata sólo de una gran cantidad de enlaces o citas, sino de la calidad de las menciones y, aún más importante, de si tu sitio está bien optimizado para una consulta de búsqueda específica.

Por ello, el autor establece 21 consejos para optimizar correctamente tu sitio web para Google Local, de los que me he tomado la libertad de extraer 14 y agruparlos para su comprensión, obviando los puntos más técnicos del texto original, no por ello menos importantes y que deben ser dejados en manos de un profesional.

a) Contenido

- El contenido en el sitio o blog necesita un mínimo de uno o dos *posts* o artículos al mes, pero si se publican más, mucho mejor.

- Tener la información actualizada de los siguientes datos: nombre, dirección y teléfono.

- Importancia de la cantidad y calidad de las citas (*geo-targeted*).

b) Imágenes

- Tener un mínimo de 6 fotografías de alta calidad.

- Optimizar las imágenes para la búsqueda local.

- Tener los vídeos con optimización local adecuada.

c) Mapas

- Añadir Google Maps y enlaces de dirección en cada página del sitio local.

d) Herramientas

- Registrarse en Foursquare y potenciar las opiniones, menciones y recomendaciones.

- Tener perfiles sociales o páginas de Google +, Facebook , Twitter , Pinterest y las redes específicas de cada tema, en su caso.

- Aumentar la importancia de Google Plus en la Página Local.

- Obtener más de un voto para tu página de Google + y tu sitio web.

- Configuración de la autoría de Google Plus.

- Añadir botón +1 de Google a tu sitio web.

e) Movilidad

- Optimizar tu sitio web para dispositivos móviles.

Habría muchos más factores, pero estos son los más destacados. Este listado se acompaña de una infografía con una gran información visual de esta red de factores de **búsquedas locales de Google**.

Artículo original: "21 Steps To Properly Optimize Your Website For Google Local Search And The New Carousel"

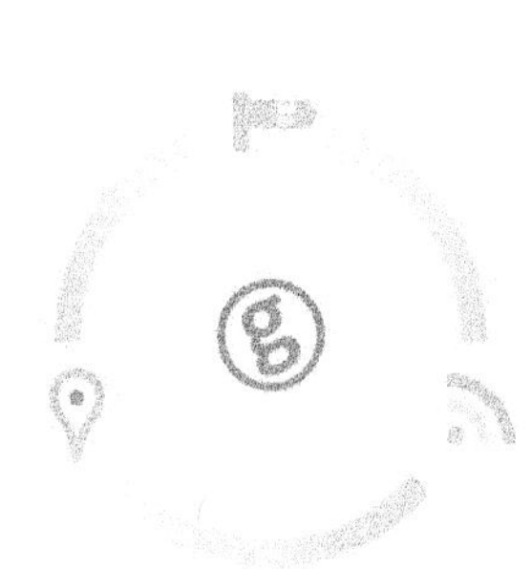

**http://www.contunegocio.es/tecnologia/ya-esta-aqui-el-nuevo-
google-maps-para-tu-negocio/**

El año pasado Google anunció una **nueva versión de su
popular herramienta Google Maps**. Algunos usuarios
pudieron solicitar el acceso a la nueva versión, de forma que,
además de conocer los cambios, pudieron comentar las
cuestiones que han servido a Google para tener un *feedback*
sobre éste.

Casi un año después, Google Maps ha aparecido en todos los
ordenadores y dispositivos móviles con el objetivo de dar un
mejor servicio a usuarios, negocios y territorios.

De hecho, el lanzamiento ha ido acompañado de un correo
electrónico a los usuarios que probamos la versión previa
de **Brian McClendon, vicepresidente de Google**

Maps: *"Quisiera darte las gracias por probar el nuevo Google Maps y ayudarnos a mejorarlo. Con tus aportaciones, ahora es incluso más fácil decidir dónde ir, cómo llegar hasta allí y qué visitar en la zona (con la ayuda del hombrecito naranja si es necesario). Ahora ya estamos listos para que lo pruebe todo el mundo".*

Según su **web oficial,** "el nuevo Google Maps genera un nuevo mapa personalizado cada vez que realizas una búsqueda o haces clic. De modo que, busques lo que busques y vayas adonde vayas, dispondrás siempre de un mapa con los elementos más relevantes para ti".

Es decir, lo que ha hecho Google es **mejorar más aún la experiencia de usuario** y hacer que los mapas se adapten a las personas y negocios y sus realidades y no estos al mapa. Se trata de una evolución natural en el que la información geolocalizada en un mapa se ofrece en función de la localización del usuario y de su perfil de búsquedas y necesidades, vinculada con la web semántica o 3.o.

Los cambios se han producido tanto en ordenadores personales como en dispositivos móviles y son los siguientes:

Ordenador

Descubre más con cada clic. Ahora todo el mapa es interactivo. Al hacer clic en cualquier parte del mapa, éste se centrará en la ubicación específica y mostrará diversos datos útiles, como sitios relacionados y las mejores rutas para llegar hasta allí.

Encuentra la mejor ruta. Ahora es posible comparar varios medios de transporte desde el propio mapa para encontrar la mejor ruta a tu destino y de vuelta a casa.

Vista Tierra. Todas las cosas que te encantan de Google Earth están directamente integradas en el mapa, así que puedes ver el planeta sin necesidad de complementos. Ni de un pasaporte. *Disponible en los navegadores habilitados para Web GL.

Crea y comparte tus propios mapas personalizados. Google Maps Engine te ayuda a crear y publicar mapas personalizados para que puedas compartir los lugares del mundo que conoces.

Mapas que mejoran con cada uso. Al realizar búsquedas, es posible destacar los sitios que te gustan y escribir reseñas, los mapas se van adaptando a tus preferencias y pueden sugerirte ideas, como restaurantes de interés o la ruta más rápida a tu casa. Dicho de otro modo, cuanto más utilices el nuevo Google Maps, más útil te resultará.

Móvil

El mundo en tus manos. Con la nueva aplicación Google Maps para dispositivos Android, iPhone y iPad, recorrer el mundo es aún más fácil y rápido. Descubre sitios nuevos y visita tus favoritos sin perderte en ningún momento.

Come. Bebe. Compra. Diviértete. Duerme.

Explora tu mundo. Tanto si te encuentras en una ciudad que no conoces como si estás descubriendo nuevos sitios en tu zona, con Google Maps podrás navegar como un experto y encontrar los mejores lugares para comer, comprar, divertirte y mucho más.

- **Explorar:** Encontrar lo que buscas es más fácil que nunca. Descubre los mejores sitios de la ciudad y obtén la información que necesitas justo cuando la necesitas.
- **Puntuaciones y reseñas:** Encuentra el lugar perfecto para cualquier ocasión, gracias a las sencillas puntuaciones de 5 estrellas y a las reseñas de tus amigos, además del contenido de expertos de Zagat.
- **Ofertas:** Recibe ofertas directamente en Google Maps. Encontrarás ofertas relevantes para tu ubicación y acordes con tus intereses.

Adelántate a los atascos. Entérate de qué te espera en la carretera y elige la mejor ruta con Google Maps.

Bajo mi punto de vista, los cambios son a mejor, aunque hay cosas pendientes de solucionar. Sin que sea un análisis exhaustivo, yo destacaría estos puntos fuertes y débiles del nuevo Google Maps:

1. Puntos fuertes:

- Los negocios ganan relevancia en función de la puntuación y valoraciones de Google Places.
- El espacio del mapa gana peso y aparecen fotografías y vistas de calle asociadas.
- Google Engine Lite nos permite crear hasta bloques de información en la leyenda. También nos deja incorporar tablas desde archivos csv.

2. Puntos débiles:

- El tiempo de carga del mapa es mucho mayor.
- Aunque la ficha de los negocios está vinculada a Google Local, no es fácil acceder a menos que pulsemos el enlace de reseñas.
- El programa para hacer nuestros propios mapas ha eliminado la opción de importar o generar

archivos en formato kml y el contador de visitas.

- Desaparece mucha información geolocalizada como el tiempo, Wikipedia, Panoramio, Youtube, etc.

http://www.contunegocio.es/tecnologia/ha-llegado-google-my-business-para-tu-negocio/

Google sigue con novedades en torno a su red social Google Plus y la forma de gestionar los negocios con las herramientas que nos ofrece. Después de muchos cambios parece ser que han logrado integrar todo lo referente a los negocios mediante la aparición de Google My Business.

Se trata de una nueva forma de organizar todas las herramientas de que dispone Google para los negocios, y facilitar la gestión de las mismas y la interacción con los clientes. De hecho, la frase que utiliza es: "Haz que tu negocio aparezca en Google gratis" y expone como novedad que **"Google My Business** te conecta directamente con los clientes, tanto si te buscan en la Búsqueda de Google, en Maps o en Google+", citando explícitamente la integración mencionada. Google My Business no genera básicamente ninguna herramienta nueva, sino que las reorganiza y mejora. Se estructura en tres partes y pone el foco siempre en el cliente:

1.- Haz que los clientes te encuentren en Google: Google My Business incluye la información de tu empresa en la Búsqueda de Google, en Maps y en Google+, para que los clientes puedan encontrarte desde cualquier dispositivo.

2.- Haz que los clientes te contacten fácilmente: Muestra a tus clientes la información correcta en el momento oportuno, ya sean indicaciones para llegar en coche a tu empresa en Maps, el horario de tu empresa en la Búsqueda de Google o un número de teléfono en el que pueden hacer clic para llamarte desde un teléfono móvil.

3.- Inicia una conversación con tus clientes: Con Google My Business conseguirás una red de seguidores fiel. Tus clientes pueden expresar su opinión con valoraciones y reseñas, utilizar el botón +1 para recomendar tu contenido y compartir tus publicaciones de Google+ en la web.

Este cambio ya se ha implementado en todos los negocios de Google Plus y parece ser definitivo, por lo que aparentemente dejará de generar tanta confusión con las empresas. En este *post* voy a limitarme a **describir los servicios** que integra

Google My Business siguiendo la información de la página oficial. En estos momentos hay cambios que no se acaban de completar y, por tanto, es mejor esperar al menos una semana para poder identificar exactamente esos cambios y explicar cómo acometerlos en nuestra empresa.

Veamos qué servicios integra Google para unir nuestro negocio con los clientes a través de su renovada plataforma:

1.- Aparece cuando los clientes te busquen *online*: Utiliza Google My Business para mostrar la información correcta de tu empresa en la Búsqueda de Google, en Maps y en Google+ para que los clientes puedan ponerse en contacto contigo.

- Aparece en la Web: tu próximo cliente podría estar a un clic de distancia. Si tu negocio aparece en Google, será más fácil para tus clientes encontrar información *online* sobre tu empresa, como el horario, los datos de contacto o las indicaciones sobre cómo llegar.

- Aparece en los mapas: la información verificada sobre tu negocio puede aparecer en Maps y, de esta forma, ayudar a los clientes a llegar a tu empresa. Además, encontrarán información de contacto, valoraciones y reseñas sobre la empresa.

- Destaca en Google+: Llama la atención de tus clientes en la web con reseñas favorables y fotos de tu empresa y tus productos.

- Muestra la información correcta de tu empresa: Actualiza la información de tu empresa siempre que quieras. Desde Google My Business puedes modificar los datos de contacto, la descripción de la empresa, los horarios, la URL del sitio web y mucho más.

- Aparece en todos los dispositivos: Los clientes pueden encontrar tu empresa en ordenadores, teléfonos móviles y *tablets*. Verán la misma información fiable de tu negocio tanto si hacen búsquedas desde casa o mientras se desplazan, al cambiar de dispositivo.

2.- Tus clientes preferidos quieren saber de ti: Acércate a lo más importante de tu negocio, tus clientes. Crea relaciones duraderas compartiendo novedades y respondiendo a los comentarios de los clientes a medida que los recibas.

- Inicia una conversación: Tus clientes nunca deberían perderse una novedad. Mantén al día a tus clientes publicando novedades, noticias y ofertas especiales en tu página de

Google+. Pueden hacer +1 y comentar el contenido que publiques. Así podrás conocer sus opiniones de primera mano.

- Da vida a tu página de Google+: Capta la atención de los clientes exhibiendo tus productos o servicios con imágenes atractivas. También puedes añadir una foto de perfil, establecer una imagen de portada y publicar vídeos para destacar tus mejores ofertas.

- Encuentra a tus clientes: El botón "Seguir" permite a tus clientes más fieles saber que has compartido ofertas especiales, noticias o novedades. El número de seguidores de la empresa también puede mostrarse cuando ésta aparezca en la Búsqueda.

- El poder del +1: Los clientes confían en las recomendaciones de las personas que conocen. El botón +1 les permite mostrar su apoyo con solo hacer clic en un botón. Pueden hacer +1 tanto en tu página como en el contenido específico que compartas.

- Responde a las observaciones de los clientes: Las valoraciones y las reseñas de los clientes te permiten estar al tanto de lo que piensan. También puedes responder a las reseñas como propietario de la empresa.

- Conecta cara a cara con las conversaciones: Las videollamadas cara a cara te permiten conectar con los clientes, tanto si están cerca como si se encuentran a kilómetros de distancia. Ya sea para anunciar un evento de agradecimiento a tus clientes o para mostrar tu último producto. Podrás hablar fácilmente con ellos desde cualquier rincón del mundo.

3.- Lo mejor de Google en un mismo lugar: Administrar tu empresa *online* no debería ser un quebradero de cabeza. Google My Business reúne en un mismo lugar fácil de utilizar todas las formas en las que Google puede contribuir a que tu empresa destaque.

- Todo conectado en un mismo lugar: Modifica la información de tu empresa en Google, comparte novedades con los clientes y obtén información sobre cómo te han encontrado, todo ello desde un mismo panel de control.

- Regístrate estés donde estés con la aplicación Google My Business: Con ella podrás administrar tu empresa cuando quieras. Puedes consultar la información sobre tus clientes, actualizar el horario laboral y compartir fotos: todo desde el teléfono o el *tablet*.

- Mantente al tanto de las reseñas: Administra tu reputación en Internet desde un mismo lugar, consulta reseñas sobre tu empresa, responde a estas observaciones como propietario y realiza un seguimiento de las valoraciones.

- Información sobre los clientes: Obtén información sobre cómo los clientes han descubierto tu empresa e interactuado con tu contenido. Así, podrás llegar a más clientes del perfil adecuado.

Para resolver más cuestiones, Google ha habilitado la sección de "Preguntas frecuentes" o bien se puede recurrir al Centro de ayuda de Google My Business. Aun así, quedan muchas cuestiones por resolver, como la famosa fusión (o mejor dicho confusión) entre Google Local y Google Pages dentro de Google Plus. De hecho, los cambios en la geolocalización de Google My Business son para otro *post*.

http://www.contunegocio.es/marketing/los-tres-perfiles-de-google-plus/

La semana pasada hablamos del gran cambio que había supuesto la aparición de la herramienta Google My Business, que en realidad es una integración de los servicios de Google en torno a su red social Google Plus.

Esto ha generado mucha confusión entre los negocios y, por ello, voy a intentar aclararlo de forma didáctica con el ejemplo del proyecto Arroceando.

En Google Plus podemos distinguir tres tipos de perfiles: el personal, la página de empresa y la página local de empresa.

Perfil personal

Cuando un usuario se da de alta en el servicio de Gmail de Google, automáticamente se activa un perfil personal en la red social Google Plus y en Youtube.

Los perfiles personales son los que van a permitir administrar y gestionar las cuentas de empresa en Google Plus.

Para distinguirlos de las páginas, hemos de observar la información que aparece en el perfil: En la parte izquierda destaca la foto de la persona y debajo su nombre e información: "Trabajo en" y "Vivo en". Debajo aparecen los seguidores que tiene y las vistas.

Página de empresa

Para crear una página de empresa, entramos con el perfil personal y, en el menú desplegable de la izquierda, pulsamos la opción "Páginas" y a continuación el botón de la parte superior derecha "Obtener tu página". En este caso los tipos de páginas han cambiado y haremos referencia a este cambio más adelante en este mismo *post*.

Para distinguir la página de empresa del perfil personal, hay que fijarse en la información que ofrecen: en la parte izquierda la foto de la marca aparece más arriba, debajo el nombre de la marca y la dirección web (debes enlazar el sitio web con tu página de empresa y aparecerá un símbolo sobre la dirección de la web). Debajo aparecerá el botón de Seguir y justo debajo los Seguidores y las Vistas. Por último, aparece un símbolo si esta página también te tiene en sus círculos (es decir, si hay reciprocidad) y las opciones de compartir, silenciar o denunciar/bloquear esta página.

Página de empresa local

Se trata de las antiguas páginas de Google Places que, al pasar a Google Plus, se denominaban Google Local, pero que con la aparición de Google My Business han cambiado, como veremos más adelante. Básicamente se trata de negocios que tienen una vertiente claramente local y una dirección física.

Para distinguirlas de las anteriores hay que fijarse igualmente en la información que ofrecen: En la parte izquierda de la foto está el logotipo y justo debajo deber figurar un símbolo de "Empresa local verificada" (se trata de la verificación como propietario del antiguo Google Places). Debajo aparece la dirección, teléfono de contacto y página web. Más abajo está la categoría que define el negocio local y el horario. Después, la pestaña de Seguir esta página, los seguidores y las vistas. Por último, hay varias opciones como escribir una reseña, cómo llegar, destaca con una estrella este lugar, sube una foto, compartir esta página, silenciar y denunciar/bloquear.

Cómo distinguirlos

La forma más rápida de diferenciar estos perfiles es observando **la pestaña roja** que aparece debajo de la foto de perfil: en los perfiles personales pone "Añadir a círculos" y en las páginas pone "Seguir". Para diferenciar entre la página de empresa y la página de empresa local la mejor forma es observar que en la local aparece la dirección física, la categoría, el horario y numerosos símbolos para interactuar con el negocio local.

Cómo gestionarlos

A la hora de gestionar estos perfiles también se ofrece distinta información. Además de la edición del propio perfil, aparecen diversos bloques muy bien diferenciados.

Perfil personal

Aparece información sobre personas en tus círculos, historia, trabajo, estudios, ubicaciones, información básica, información de contacto, enlaces y aplicaciones con inicio de sesión con Google Plus.

Página de empresa

- Compartir publicaciones en Google Plus.

- Ver las estadísticas o *insights*.

- Ir al canal de Youtube.

- Google Analytics.

- Iniciar una videollamada.

Página de empresa local

- Compartir publicaciones en Google Plus.

- Ver las estadísticas o *insights*.

- Administrar reseñas.

- Google Analytics.

- Iniciar una videollamada.

Novedades de Google My Business

Estos son los tres perfiles de Google Plus. pero con la llegada

de Google My Business hay algunos cambios
cuando damos de alta nuestro negocio. Encontramos tres tipos
de perfiles de empresa:

1.- Escaparate: Se trata de una página de negocios dirigida a restaurantes, tiendas minoristas, hoteles, etc. y que disponen de una ubicación física determinada. Sería el equivalente al antiguo Google Local.

2.- Área de servicio: Esta nueva categoría se ha creado porque no todas las empresas locales ofrecen servicio a sus clientes desde un negocio físico convencional, ya que algunas tienen sólo una dirección particular o no tener un establecimiento fijo.

En este caso (fontaneros, servicios de taxi, abogado, etc.), al dar de alta el negocio será necesario indicar la casilla de "ofrezco bienes y servicios en la ubicación de los clientes" o, en caso de ya estar dado de alta, se puede añadir esta opción editando la dirección y seleccionando esta misma casilla de verificación. De esta forma, se pueden establecer las áreas donde se ofrecen nuestros servicios.

3.- Marca: Se trata de las páginas dirigidas a tener presencia en Internet y conectar con clientes y *fans*, y que pueden dedicarse a un producto, equipo deportivo, grupo de música, causa, etc. Una vez creada esta página, nos da la opción de seleccionar entre las tipologías de producto o marca, ocio o comunidad y otros. Sería el equivalente a los perfiles de página.

Estas páginas de marcas no incluyen ninguna dirección física de entrada para aparecer en Google Maps, pero Google ahora ofrece la posibilidad de establecer una conexión para que sí lo haga.

Por tanto, a la hora de **trabajar con los tres perfiles de Google Plus,** podemos establecer la siguiente estrategia: el perfil personal para gestionar las cuentas, la página de marca para negocios sin una dirección física donde se venda, la página de escaparate si hay una dirección física donde se vende un producto o servicio y el área de servicio para ventas sin negocios locales fijos.

Continuamente estamos hablando de planificación estratégica, de marketing, de geolocalización, etc., pero **lo que buscan los negocios al final es la venta.** Hay que tener en cuenta que ésta no es un producto en sí, el hecho de tangibilizar una venta es el resultado de un proceso que incluye los apartados anteriores, entre otros.

El sector turístico es de los más precursores en el fenómeno 2.0. en lo que se ha venido a llamar **turismo 2.0.** De hecho, los hoteles, agencias de viajes y restaurantes son los negocios que más se han visto afectados por esta revolución y han tenido que realizar unos ajustes muy importantes en su modelo de negocio.

Al final se trata de la clásica curva de crecimiento de un producto, el sector turístico había llegado a la fase de madurez en la que sólo hay dos caminos: reinventarse innovando o decrecer y eso es lo que está pasando estos últimos años.

Uno de los elementos más importantes en el turismo es el de **la distribución**, que al fin y al cabo es la fase anterior a la venta de los productos o servicios. Y ésta ha cambiado radicalmente: de la venta directa en los propios hoteles o a través de agencias de viajes se ha pasado a la venta *online* y ésta ha multiplicado las opciones de distribución; es lo que en otro artículo expliqué sobre la *long tail* o "larga cola" y la necesidad de diversificar las opciones y los productos en Internet.

Por tanto, hoy en día no basta con limitarse a quedarse en el hotel, recibir a la gente en la recepción, atenderla por teléfono o negociar la comisión con los grandes operadores para obtener clientes. Es necesario atender varios aspectos al mismo tiempo y su **suma nos dará el total de la distribución** de nuestros productos.

Para ello nos vamos a apoyar en una infografía, "Claves para la distribución *online* en 2014", creada por eRevMax y en la que se resumen las principales tendencias en distribución *online* para el sector hotelero, pero que podría extrapolarse perfectamente a otros sectores con ligeras variaciones o particularidades:

1. MOVILIDAD: Los dispositivos móviles ya generan el 7% de las reservas.

Es imprescindible disponer de una versión móvil con capacidad de reserva *online*, ésta puede ser o bien a través de una aplicación propia (*app*) o bien haciendo que la página web esté adaptada y optimizada para dispositivos móviles y tabletas.

2. *ONLINE TRAVEL AGENCIES* (**OTA**), que generan el 13% de las reservas.

Siguen teniendo una gran importancia; al fin y al cabo tienen capacidad de competir en el mercado y llegar al usuario como grandes empresas que son. Es importante negociar con estos intermediarios, pero también varía mucho en función del tipo de producto o servicio que vendamos, ya que todo depende del segmento de público al que nos dirigimos y si se mueve a través de estas agencias o de otra forma.

3. METABUSCADORES: Son usados frecuentemente por el 60% de los viajeros.

Los grandes metabuscadores permiten comparar ofertas de forma rápida y sencilla. Es importante estar dado de alta en estos buscadores y tener muy en cuenta el posicionamiento natural (SEO) de los mismos, es decir, que nuestros productos aparezcan en primeros resultados de búsqueda en Google con determinadas palabras clave, pero también que aparezcan destacados dentro de estos metabuscadores.

4. *SOCIAL MEDIA*: El uso de las redes sociales como Facebook para buscar información alcanza el 21%.

Las redes sociales siguen siendo el punto de encuentro de las personas en Internet, es imprescindible tener una presencia activa en las mismas, no siempre como herramienta de distribución, pero sí como herramienta de promoción y de generación de marca. Además, una buena estrategia en redes nos puede facilitar la generación de tráfico hacia el resto de herramientas de distribución *online*.

5. REPUTACIÓN *ONLINE*: Es básica, dado que el 81% de los viajeros la usan para tomar su decisión del viaje.

El clásico boca a boca llevado a la Era de Internet. La identidad digital es lo que mostramos sobre nuestra marca, pero la reputación *online* es lo que otros dicen de nuestra marca. Por ello, es básico no sólo vigilar qué se está diciendo, sino también interactuar con los usuarios y facilitar que den sus opiniones positivas en la red para que se conviertan en nuestros mejores consultores y agentes de marketing.

6. WEB: El 33% de las reservas se hacen directamente en la página web de la marca.

Las páginas web son la versión *online* de nuestro negocio. Si vendemos en un hotel y atendemos a los clientes, debemos hacer lo mismo desde la página web, favoreciendo que se pueda reservar y contratar *online* por parte de los potenciales clientes. Además, podemos usar esta plataforma para captar *leads* o contactos de usuarios interesados y medir su comportamiento en la web.

Así pues, en la **estrategia de venta** turística, debemos atender a las seis claves de distribución de nuestros productos o servicios: movilidad, OTA, metabuscadores, *social media*, reputación *online* y web. De esta forma, no llegarán todos los clientes desde el mismo canal, sino desde varios y nos habremos adaptado a la demanda real de los usuarios de hoy en día. ¿Utilizas todos estos medios de distribución? ¿Puedes contarnos los resultados obtenidos? ¿Alguno es más importante que otro en tu distribución? Y en el caso de no pertenecer al sector turístico, ¿te has planteado aplicar estas claves a tu negocio? Te sorprenderá lo similar que resulta...

http://www.contunegocio.es/marketing/7-procesos-viaje-turista-i/

Hace unos años comenzó a irrumpir el concepto de web 2.0 entendida como una nueva forma de ver Internet donde se daba una interacción con el usuario, se pasaba de generar información de forma unidireccional a generar conversación de forma bidireccional.

El turismo fue uno de los primeros sectores en adoptar este concepto y se creó el llamado Turismo 2.0, donde el turista comenzaba a ser un actor básico en el negocio y cada vez tenía más influencia sobre el mismo.

Hoy en día al nuevo consumidor se le denomina *prosumer*, es decir, no solo consume información sobre productos y servicios sino que además es capaz de producir información y por tanto es necesario tenerle en cuenta. El cambio es más importante de lo que imaginamos, el cliente pasa de ser una herramienta para la empresa a ser un fin en sí mismo, de ser la parte final del negocio (al que se le vende) a estar presente en todos los momento del ciclo de venta.

Con esta premisa, el turista se sitúa en el centro de la estrategia de venta y cada paso que realiza en su proceso de viaje tiene asociadas unas características. Google habló de cinco fases del proceso de viaje, pero en España el Instituto Tecnológico Hotelero (ITH) lo amplió hasta siete.

Los 7 procesos de viaje del turista son cada una de las acciones que realiza un turista desde que piensa dónde ir de viaje hasta que regresa del mismo, pero también se podría aplicar a cualquier negocio o pyme adaptándolo, ya que se trata de una metodología genérica (hágase la prueba de cambiar la palabra turista por cliente y el destino turístico por el negocio y el análisis será igualmente válido).

1. **Inspiración.** Cómo atraer al cliente hacia nuestro negocio.
2. **Búsqueda.** La influencia del posicionamiento web.
3. **Planificación.** Las vacaciones en una web.
4. **Comparativas**, el factor Tripadvisor.

5. **Reserva.** Optimización de la distribución.

6. **Experiencias** de los clientes.

7. **El momento mas importante… ¡Compartirlo!**

El **turista** se convierte así en nuestro altavoz de marketing, en un amplificador de nuestro destino, en un "influenciador" sobre otras personas que lo conocen en sus redes sociales y confían en su criterio y, por tanto, en el mejor prescriptor.

Pero además también puede ejercer una magnífica labor como consultor, ya que nos está diciendo en qué fallamos o qué cosas no le satisfacen de nuestro negocio. Normalmente se teme a las críticas, pero la realidad es: unos pocos clientes insatisfechos, algunos amigos que nos alaban siempre y la gran mayoría que nos darán la visión más realista (es lo que en estadística sería un modelo de Campana de Gauss).

http://www.contunegocio.es/marketing/7-procesos-viaje-turista-ii/

En el anterior *post* "Los 7 procesos del viaje del turista I" explicaba cómo la relación entre el turista, las empresas y los destinos ha cambiado con la irrupción de Internet y las redes sociales.

A partir de aquí propongo una metodología tomada del Instituto Tecnológico Hotelero (ITH) para poder analizar esta relación. En esta segunda parte voy a describir cada uno de los **7 procesos del viaje del turista** desde el punto de vista de cómo se comporta, cuál debe ser la adaptación del destino y la empresa turística y algunas herramientas que afectan directamente a cada una de estas fases:

1º Inspiración. Cómo atraer al cliente hacia nuestro

El cliente: Cuando quiere irse de vacaciones, lo primero que hace el turista es pensar dónde quiere ir. Pero sus decisiones son más emocionales que racionales en un primer momento y piensa dónde ir por alguna razón "irracional" (recuerdos, experiencias, inquietudes, deseos, interés, curiosidad, etc.).

El destino: Si quiere captar al cliente en esta fase, debe mostrar imágenes evocadoras o experiencias que impacten para generar atención en el turista. Un ejemplo muy claro es la exitosa web de Minube.

Herramientas: Las imágenes y los vídeos en Internet son básicos para mostrar e inspirar. Utiliza Flickr, Instagram, Pinterest o Youtube.

2º Búsqueda. La influencia del posicionamiento web

El cliente: Una vez pensado dónde le gustaría ir, busca en Internet información sobre ese lugar. Estadísticamente las posiciones más importantes son las tres primeras entradas del buscador y a partir de ahí el impacto es mucho menor, lo que hace que a partir de la segunda página de Google las posibilidades de visibilidad sean muy pequeñas.

El destino: Debe hacer un trabajo muy potente de posicionamiento en Google, bien de forma natural (SEO), bien mediante publicidad (SEM) o mediante el uso de las redes sociales (SMM). Pero, en cualquier caso, es básico aparecer en Google cuando el turista realiza la búsqueda.

Herramientas: Genera contenidos de valor mediante un blog en WordPress, utiliza Google Adwords, Facebook Adds o Twiter Adds para campañas puntuales de pago.

3º Planificación. Las vacaciones en una web

El cliente: Una vez que tiene claro dónde quiere ir, lo que hace es planificar el viaje; consulta cómo llegar al sitio, cómo moverse dentro del mismo, dónde comer, dónde alojarse y qué actividades complementarias puede realizar.

El destino: Las webs del destino tienen que ofrecer claramente todos esos datos, pensando en cómo busca el turista la información y estructurándola de forma accesible para facilitarle este trabajo.

Herramientas: Incorpora tu negocio o tus recursos turísticos a todos aquellos portales que son visitados por turistas: webs de mancomunidades, diputaciones, buscadores de restaurantes, buscadores de hoteles, etc.

4º Comparativas. El Factor Tripadvisor

El cliente: Antes de realizar la reserva, el turista busca los comentarios que otros viajeros han hecho sobre el sitio al que desea ir, de forma que las opiniones de la gente influyen directamente en su decisión final.

El destino: Las webs del destino deben cuidar mucho su reputación *online* y contestar a todos los comentarios, resaltando los positivos e intentando minimizar los negativos.

Herramientas: Date de alta en Tripadvisor, Google Local, Foursquare y Yelp, y responde a todos los comentarios de los clientes.

5º Reserva. Optimización de la distribución

El cliente: Cuando quiere irse de vacaciones, lo primero queEl cliente: Cuando está tomada la decisión, el turista hace la reserva, es decir, realiza la compra *online* de los productos o servicios que va a consumir.

El destino: Debe optimizar muy bien las webs para que la compra sea lo más sencilla posible y facilitar la transacción de forma segura.

Herramientas: Utiliza técnicas de comercio electrónico en tu web, facilita la conversión en la web y que se pueda comprar de forma sencilla con el mínimo de clics posibles.

6º Experiencias de los clientes

El cliente: Con la generalización de los dispositivos móviles y las redes sociales, los turistas comparten información en todo momento durante su estancia en el destino y, por tanto, siguen influyendo sobre otras personas.

El destino: Debe facilitar la posibilidad de que el cliente acceda a sus perfiles en las redes sociales y sobre todo que comparta los aspectos más positivos de su estancia en el destino.

Herramientas: Utiliza todos los materiales *offline* (pósteres, folletos, carteles, etc.) para facilitar a los turistas el acceso a las redes sociales. También puedes emplear los códigos QR para facilitar dicho acceso.

7º El momento más importante…¡Compartirlo!

El cliente: Cuando regresa del viaje, continúa compartiendo información en redes sociales y diciendo si le ha gustado o no el lugar y los servicios que ha consumido, información que luego servirá a futuros clientes para optar o no por el mismo destino.

El destino: Debe hacer un seguimiento del turista y atenderle hasta el final, comentando o contestando a sus comentarios y cerrando el ciclo para que su experiencia sirva de inspiración a otros posibles turistas.

Herramientas: Solicita el correo electrónico al turista y sus perfiles en las redes sociales -si los tuviera-, y agradécele su estancia. Pregúntale por su experiencia y facilítale que comente citando tu destino o negocio. Utiliza sobre todo Facebook y Twitter.

Desde la aparición de Internet, el mundo está cambiando de forma espectacular haciéndose más social, local y móvil (SoLoMo). La generalización de dispositivos móviles ha hecho que podamos **geolocalizarnos** en cualquier sitio y compartir la información en tiempo real con nuestras redes sociales.

Este hecho también está afectando a los destinos y negocios turísticos: por una parte, se genera mucha **información geolocalizada** a través de mapas *online* públicos (las Infraestructuras de Datos Espaciales), comerciales (Google Maps) y colaborativos (OpenStreetMap). Por otra parte, los turistas comparten esa información en las **redes sociales** a través de herramientas como Google Plus, Facebook, Twitter y Foursquare.

Además de ello, el enfoque ha cambiado de forma radical: no se trata de "ofrecer" productos y servicios desde el destino, sino de identificar qué quiere el cliente en cada una de las fases de su experiencia turística, desde el proceso de inspiración hasta que lo comparte tras el viaje.

En definitiva, un nuevo escenario aparece en los destinos turísticos y afectan tanto a los negocios como a las personas que las disfrutan. Conocer este escenario es básico para lograr una mayor eficiencia en la gestión, aprovechando la información existente en Internet, pero sobre todo conociendo lo que opinan los ciudadanos y turistas y cómo pueden ayudar a la promoción del destino a través de la participación en las redes sociales.

El **posicionamiento web** en el buscador Google depende de numerosas variables que conforman el famoso algoritmo de Google. En un reciente estudio en Estados Unidos durante este año 2013 se han definido no solo las principales variables que ayudan a este posicionamiento, sino el valor que Google otorga a cada una agrupadas en cuatro grandes bloques:

- Social.
- Enlaces.
- Estructura web.
- Contenidos.

Teniendo en cuenta estos elementos, podemos hablar de **diez acciones que ayudan a tu negocio y a tu destino turístico a posicionarse en Google** y, por tanto, en Internet:

1. Analiza tu página web.
2. Elige las palabras adecuadas: geoposicionamiento web.
3. Date de alta en buscadores.
4. Aparece en el mapa: Google Maps.
5. Geolocaliza tu negocio en Google: Google Places.
6. Haz tu propio mapa: Google Maps Engine.
7. Habla con la gente: geolocalización social.
8. Geolocaliza tus fotos.
9. Haz anuncios geolocalizados: Google Adwords Express.
10. Mide todas tus acciones: métricas y KPI (*Key Performance Indicators*).

En esta primera parte del *post* desarrollaremos las cuatro primeras acciones:

1. Analiza tu página web

La elaboración de páginas web es cada día más complejo. Es necesario que en su construcción se tengan en cuenta aspectos clave en la programación, vinculados con el futuro posicionamiento natural (SEO) y se rellenen adecuadamente las etiquetas del título.

Hay que tener en cuenta que Google no ve páginas, ve código fuente. De hecho, para ver el de nuestra web podemos buscar **"Ver código fuente"** (pulsando en el botón secundario del ratón, en cualquier página) y nos mostrará cómo está construida.

2. Elige las palabras adecuadas: geoposicionamiento web

La elección de palabras clave o *keywords* es básica. En Internet hay que hablar de la forma más natural y popular posible, porque representa la forma de hablar y de realizar búsquedas de la gente. Herramientas como **Google Trends** nos mostrarán qué términos se utilizan más en la web y con **Google Adwords** y su Herramienta de Palabras Clave podremos averiguar la combinación de palabras que tienen más búsquedas y menos competencia en Internet. No olvides que para segmentar a tu público lo mejor es utilizar varias palabras clave siguiendo el concepto de *Long tail* (Larga Cola).

3. Date de alta en buscadores

No basta con tener una buena página web, es importante que tu negocio esté presente en diversos buscadores como Booking, Hotelopia, etc. Y desde luego hay que vigilar la presencia en el buscador de hoteles de Google, Hotel Finder, que cada vez tiene más importancia en el turismo *online*.

Además, hay que tener en cuenta buscadores gratuitos donde incorporar información del destino turístico en el que se encuentre tu negocio, como puede ser la **Wikipedia** u **OpenStreetMap**.

4. Aparece en el mapa: Google Maps

Cada vez **Google Maps** cobra más importancia en tu negocio. Hace poco cambió su interfaz y ahora el hecho de aparecer directamente en el mapa cuando buscamos nuestro negocio depende de administrar adecuadamente los datos de Google Places, así como los comentarios de los usuarios y sus puntuaciones.

http://www.contunegocio.es/tecnologia/10-acciones-para-posicionar-tu-negocio-turistico-en-internet-ii/

En un *post* anterior hablamos de la importancia de realizar una serie de acciones que lleven a tu negocio y a tu destino turístico a posicionarse en los primeros puestos del buscador Google.

Las cuatro primeras acciones: analiza tu página web, elige las palabras adecuadas, date de alta en buscadores y aparece en Google Maps, fueron desarrolladas en dicho *post*. A continuación vamos a ver las otras seis acciones clave para el posicionamiento de tu negocio turístico en Internet:

5. Geolocaliza tu negocio: Google Places

Es básico geolocalizar nuestro negocio en Google Places. Para ello hay que entrar en dicha aplicación y poner el número de teléfono de tu negocio. Si no aparece, hay que incorporarlo y si existe hay que reclamarlo. Para ello, primero es preciso rellenar todos los datos que nos pide en la ficha, para después solicitar que nos envíen una carta a la dirección del negocio con un código que, al introducirlo, hará que estemos validados por Google para gestionarlo.

6. Haz tu propio mapa: Google Maps Engine Lite

En ocasiones hay que poner un mapa en la página web. En lugar de una foto o un mapa estático, podemos incluir un mapa de Google Maps hecho por nosotros. La información que pongamos no se incorporará a la vista de Google Maps de todo el mundo, pero podremos usarlo para crear un mapa de lo que nos interese, como por ejemplo este Gastromapa de una campaña gastronómica en la Comunidad Valenciana.

Actualmente el servicio de Mis Mapas del antiguo Google Maps ha sido substituido por Google Maps Engine Lite, que permite no solo poner en la leyenda diversas agrupaciones (antes aparecían todos los puntos seguidos sin distinción), sino incorporar los datos a través de hojas de cálculo, pudiendo subir cientos de puntos de una vez.

7. Habla con la gente: geolocalización social

Las herramientas de geolocalización social son la mezcla de las herramientas de conversación en redes sociales y el uso que podemos dar a la geolocalización en las mismas. Las principales son: **Google Local, Facebook Places, Twitter, Foursquare y Yelp**.

Haz que tus clientes te encuentren y relaciónate con ellos para que pulsen en "me gusta" y den su opinión y respóndeles, creando una conversación en torno a tu negocio que le dará más visibilidad y mejorará su posicionamiento.

8. Geolocaliza tus fotos

Internet tiene un lenguaje muy visual y, de hecho, las redes más importantes junto a las de conversación citadas en el punto anterior son las relacionadas con contenidos visuales. En todas ellas se puede incorporar el elemento de la geolocalización: **Instagram, Pinterest, Flickr, Youtube** y **Google** + son algunos ejemplos.

9. Haz anuncios geolocalizados: Google Adwords Express

El posicionamiento por pago entra de lleno en Google Maps, tal como indicamos en el *post* "Cómo poner anuncios geolocalizados de tu negocio". En estos momentos ya se está usando este servicio y está dando muy buenos resultados, que son analizados gracias a los datos que nos ofrece la propia campaña de publicidad geolocalizada.

10. Mide todas tus acciones: Métricas y KPIs

También hemos hablado de la importancia de medir. Todas estas herramientas nos ofrecen una serie de datos de comportamiento de los usuarios con los que obtener métricas y elaborar indicadores para medir la información que se geolocaliza, la participación de los usuarios, la influencia, el tráfico web y el posicionamiento.

Con estas acciones ya puedes empezar a trabajar y a mejorar la presencia en Internet de tu negocio y de tu destino turístico. Si cumples una a una estas acciones, comprobarás que mejoras de forma notable.

Nota: estas acciones han sido extraídas de la conferencia conferencia "Geoturismo: 10 acciones para posicionar tu destino turístico en Internet", celebrada en la jornada de TRAMA 2103 en Priego de Córdoba, y cuya presentación está disponible en este enlace.

http://www.contunegocio.es/gestion/como-crear-rutas-turisticas-online-en-tu-negocio/

Un mapa digital se compone de tres elementos básicos que provienen directamente del álgebra: puntos, líneas y polígonos. De hecho, a esta disciplina se le llama también **"mapamáticas"**, la unión de los mapas y las matemáticas.

Este concepto puede resultar muy teórico o complicado, pero cuando lo trasladamos a un ámbito como el turismo se entiende mucho mejor: el polígono sería el área que delimita al **destino turístico**, los puntos serían los servicios o infraestructuras localizados (recursos, oficinas de información, hoteles, restaurantes, etc.) y las líneas serían las comunicaciones y rutas que unen esos puntos.

Por tanto, las encargadas de alguna forma de vertebrar o unir los elementos del destino turístico serían las rutas turísticas, que además tienen la capacidad de interpretar el entorno y contar cosas.

Metodología

Cuando se construye un mapa digital, hay que atender a **tres fases principales**, tratando el mapa como el centro de un sistema abierto donde tenemos unas entradas o *inputs* en forma de información y unas salidas o *outputs* en forma de visualización o *layout*.

Entradas: lo primero que hay que hacer es introducir la información en el mapa. Para ello debemos disponer de su localización, es decir, hemos de saber por dónde transcurre la ruta. A continuación podemos introducir esos datos de dos formas: digitalmente, importando los archivos que tengamos con la ruta, o bien dibujando la ruta sobre un mapa o mejor una "ortofoto".

Mapa: una vez hemos introducido la ruta, podemos incorporar otros elementos en el mapa, como puntos y polígonos, de forma que se conforme un mapa con distintas capas de información que dan lugar a una completa herramienta para conocer el destino turístico.

Salidas: una vez tenemos el mapa creado, hay que insertarlo en nuestra web o blog. Para ello tenemos dos opciones: o bien poner una imagen del mismo y enlazar ésta con la dirección o url correspondiente, o bien capturar el código fuente (HTML) e incrustarlo en nuestro sitio web directamente.

Formatos

Las rutas turísticas pueden presentarse en múltiples formatos, algunos de los más conocidos son los siguientes:

KML: Del acrónimo en inglés *Keyhole Markup Language*, es un lenguaje de marcado basado en XML para representar datos geográficos en tres dimensiones. Es el formato utilizado por Google Earth y por Google Maps.

SHP: El formato *ESRI Shapefile* (SHP) es un archivo informático propietario de datos espaciales, desarrollado por la compañía ESRI, quien crea y comercializa *software* para Sistemas de Información Geográfica como Arc/Info o ArcGIS. Es el formato más utilizado en los Sistemas de Información Geográfica (SIG/GIS).

GPX: GPX, o *GPS eXchange Format* (Formato de Intercambio GPS) es un esquema XML pensado para transferir datos GPS entre aplicaciones. Se puede usar para describir puntos (*waypoints*), recorridos (*tracks*) y rutas (*routes*). Es el formato más utilizado en los GPS profesionales, como Garmin o

Magellan.

Además, estos archivos -como tienen unos elementos en común que son las coordenadas x, y, z-, pueden convertirse, según el programa que deseemos utilizar, en páginas web como GPS Visualizer.

Herramientas

En Internet hay multitud de opciones para elaborar rutas turísticas con programas gratuitos y muy intuitivos:

Google Maps Engine Lite: Se trata del nuevo servicio para hacer mapas de Google, tan sólo con una cuenta de correo de Gmail podemos tener acceso a él, que además nos permite incorporar datos desde tablas Excel o similares.

Ikimap: Es una herramienta gratuita que permite subir archivos, dibujar rutas y compartirlas, así como obtener rutas de otros usuarios.

Wikiloc: La popular herramienta de rutas colaborativas dispone de la posibilidad de subir rutas o crear manualmente otras y compartirlas con una enorme comunidad de usuarios a nivel mundial.

ArcGis Online: Una de las herramientas comerciales más potentes del mercado de la empresa ESRI, lo más parecido a disponer de un Sistema de Información Geográfica *online* y generar rutas de forma sencilla e intuitiva.

Openstreetmap: La Wiikipedia de los mapas, una enorme base de datos cartográfica de todo el mundo realizada por colaboradores y actualizada al minuto. Se pueden obtener rutas o crearlas y compartirlas para su uso a nivel ciudadano, pero también profesional.

IDEs: Las Infraestructuras de Datos Espaciales son los mapas realizados por la administración pública a escala regional o estatal. Muchos de los portales creados permiten importar rutas o generar nuevas, sobre todo mediante la función de servicios de mapas por la red **WMS**.

Hace años se realizaban los denominados *fam-trips*, viajes de periodistas invitados a visitar un destino turístico con el fin de promocionarlo luego en los medios (prensa, revistas, radios, televisión, etc.). Con la llegada de Internet han aparecido los denominados *blogtrips*, viajes de gente relacionada con las redes sociales que son invitados igualmente a los destinos para dinamizarlos en Internet.

Las diferencias entre ambos son muchas, aunque básicamente en los *fam-trips* se realizaba el viaje y a posteriori se generaba la noticia sobre el destino, casi siempre un periodista o similar; y en los *blogtrips* se genera información antes, durante y después del viaje y además los participantes no tienen porqué ser periodistas ni trabajar para medios de comunicación.

Mi compañera **Fátima Martinez** ya escribió un magnífico post sobre la importancia de los *blogtrips* en este blog, "Encuentros con blogueros, una fórmula para Pymes que funciona" y aquí pretendo seguir ese hilo conductor, complementarlo desde el punto de vista del empresario, del negocio, identificando cómo puede aprovechar la llegada de un *blogtrip* a su territorio.

Y como ejemplo podemos poner el *blogtrip* #calpemocion que se ha desarrollado en la localidad alicantina de Calpe el pasado fin de semana:

1.- Antes del evento: normalmente los *blogtrips* se organizan y empiezan a publicitarse semanas o meses antes de celebrarse, en los que una empresa u organismo agrupa a una serie de personas que serán los prescriptores del destino.

- En cuanto oigas hablar del mismo **identifica quién lo organiza y preséntate para colaborar.** En #calpemocion ha habido decenas de empresas que han colaborado con la organización, cada una aportando algo, desde gafas de sol a chocolate, habitaciones de hotel, tapas o camisetas. Piensa que las personas que lo reciban lo agradecerán públicamente en sus redes a sus amigos y seguidores y eso genera muchísima propaganda y reputación online. El Hotel AR Diamante Beach aprovechó para hacer en sus instalaciones unas conferencias donde hubo más de 5oo personas, con todo el impacto que ello supone.

-   **Pregunta quién va a acudir** al *blogtrip* **para seguirlos en todas sus redes sociales** y saludarlos antes de que lleguen al destino. No hace falta forzar nada, sé educado y transmite cercanía y satisfacción porque visiten tu localidad.

-   Es el momento de **revisar tus redes sociales,** actualízalas y abre nuevas que sean interesantes porque son las herramientas clave para que saques el máximo provecho al *blogtrip*.

2.- Durante el evento: un *blogtrip* puede durar una media de dos o tres días, en el caso de #calpemocion comenzó un Viernes a las 19h hasta las 18h del Domingo en el Restaurante Puerto Blanco. La idea de empezar por la tarde-noche con un cóctel es clave, porque es una forma de recibir a los invitados de forma distendida y que al día siguiente ya se conozcan todos.

- Aprovecha **el primer acto** e intenta ir aunque sea simplemente a **saludar**, sin ser intrusivo, seguro que empatizas con alguno y puedes generar una conversación agradable y comentarlo a posteriori como me pasó con Gafalandia.

- **Haz un seguimiento de lo que hacen** y comenta de forma natural lo que sucede o simplemente da los buenos días, la educación siempre es bien recibida. Eso mismo hizo el Hotel SH Ifach donde estuvimos alojados durante **#calpemocion**.

- Tanto si das un regalo como si utilizan tus instalaciones **pon de manera visible la dirección de tus redes sociales**, sobre todo facebook y twiter, pero no sólo el icono, sino la dirección para que te encuentren rápidamente. También puedes facilitar que hagan checking con Foursquare o que accedan a tu web a través de un código QR.

- Y sobre todo **estate atento a todo lo que pasa**, como mínimo monitoriza el hastag en Twitter, sigue las fotos en Instagram, las conversaciones en Facebook y en Google +, los checkings en Foursquare, los videos de Youtube y los tableros de Pinterest.

3.- Después del evento: una vez realizado el *blogtrip* llega la hora de organizar los contenidos y empezar a moverlos por las redes, como ya conoces a las personas que han participado sigue durante las siguientes dos semanas monitorizando lo que hacen porque seguro que hablan del evento.

- **Agradéceles su participación** y dale al me gusta y similares en las redes.
- **Comenta** en los blogs en los que hablan del *blogtrip*
- **Recomienda** los videos que cuelguen
- **Comparte** los contenidos que te parezcan interesantes, no todos, sólo los que te gusten especialmente, sin abusar (o *spamear* en la jerga)
- Si puedes tener **un detalle** poco después mejor, deja que pase una semana o dos y les mandas alguna foto que tomaste o un recuerdo, algo que les haga recordar la experiencia y esbozar una sonrisa.

Estas son algunas de las cosas que puedes hacer con tu empresa o negocio pero lo ideal es que **no lo hagas solo**, si lo haces de forma coordinada o **colaborando con otras empresas o negocios del destino** la fuerza será mucho mayor y la sensación de unión también y eso se nota porque la imagen que queda del destino es mucho más cohesionada.

Por tanto si oyes hablar de un *blogtrip* **aprovéchalo** porque vas a lograr que los participantes sean tus mejores **prescriptores** sin prácticamente inversión, tan sólo parte de tu tiempo durante esos días. Eso sí, siempre se natural y educado, que detrás de cada tweet que emitas haya una sonrisa y en cada foto una experiencia porque ese recuerdo queda en la mente del turista y hará que vuelva o que le diga a todos sus amigos que vayan a visitarlo como hago yo desde aquí invitando a todos a la hermosa y acogedora localidad de Calpe.

OFERTA
OFERTA
99'9
SHOP!
1'50
LITRO
GAS

http://www.contunegocio.es/tecnologia/nuevos-dispositivos-2014/

Internet comenzó a funcionar en los ordenadores personales hace dos décadas. Después estos empezaron a cambiar con la entrada de los portátiles y los *netbooks*. Hace poco irrumpieron con fuerza las *tablets* y los iPads, pero lo mejor está por llegar.

El mundo cambia muy rápidamente y en Internet más; la clave está en **la creación de dispositivos que sean lo más humanos posible**, que la interfaz del usuario se integre con el lenguaje humano, de hecho si pensamos en cómo funciona el sistema para cambiar de páginas en una superficie táctil (móvil o *tablet*), esta imita la forma que tenemos de pasar las hojas cuando leemos un libro en papel. Por eso es tan sencillo y lo usan hasta los bebés, porque logra imitar un hábito humano.

Por otra parte, la unión del llamado mundo físico u *offline* y el mundo digital u *online* es ya un hecho: los **códigos QR** nos permiten llegar del mundo físico a Internet y mediante **la realidad aumentada** incorporar el mundo digital en nuestro mundo físico.

Este año han empezado a comercializarse nuevos dispositivos por parte de las grandes marcas que en el año 2014 llegarán al gran público y revolucionarán el mercado. A continuación vamos a ver algunos ejemplos de **la revolución que viene**:

Relojes inteligentes

Se trata de retomar los clásicos relojes de muñeca incorporando todas las **funcionalidades de los dispositivos móviles** (a algunos nos hace recordar el coche fantástico, ¿verdad?). En general incorporan todas las funcionalidades conocidas: integración con otros dispositivos, con nuestras redes sociales, pantalla táctil, cámara, control por voz, además de otras como podómetro, consumo de calorías, etc. Asimismo, se sincronizan normalmente por Bluetooth con el dispositivo móvil y funcionan con la tecnología Android o Apple.

Las grandes marcas como **Samsung** han entrado de lleno en este mercado apostando fuerte con su Galaxy Gear. También Sony ha lanzado su propia propuesta con **Sony SmartWatch 2**; e incluso **Qualcomm**, empresa dedicada a la fabricación de chips y procesadores para móviles, ha presentado recientemente su modelo de reloj inteligente creando gran expectación. Esta misma semana **Nissan** se ha unido a la carrera de los *smartwatches* con Nismo, y **Apple** con su iWatch, que ya anunció hace tiempo, ha suscitado una gran curiosidad entre los *fans* de la marca.

Las implicaciones que pueden tener en nuestro día a día están magníficamente explicadas en el artículo de Enrique Dans "Pensando en alto sobre los smartwatch".

Superficies flexibles

Superficie multitáctil, transparente y flexible son las tres características de marcas como 3M, que evolucionan el concepto tradicional de pantalla táctil para adaptarlo a nuestra vida y que pueden irrumpir con fuerza en múltiples superficies que utilizamos a diario.

Por otra parte, las *tablets* pueden dejar de tener este aspecto rígido para convertirse en hojas tan flexibles como el papel, pero con las mismas funcionalidades, como las presentadas por Intel.

Por último, ya se están desarrollando productos que permiten utilizar la ventanilla de los vehículos como una superficie de acceso a Internet haciendo que la **realidad aumentada** llegue directamente a la ventanilla del coche.

Google Glass

Google Glasses, las ya famosas gafas de Google, se están convirtiendo poco a poco en una realidad. Es más, en una realidad "aumentada". Se pueden utilizar como si fueran nuestro teléfono móvil, con una pequeña pantalla que aparece en nuestro campo de visión, tienen conexión por Bluetooth a través del móvil y se manejan mediante la patilla de las gafas.

A partir de aquí han surgido numerosos **usos en ámbitos como la medicina, la educación o la conducción**, con el anuncio del "Casco Glass", que incorpora esta tecnología para los motoristas.

Pero no solo Google controla esta tecnología. La compañía **Meta** ha presentado sus Space Glasses como un dispositivo que hará directamente la competencia al gigante de los buscadores.

Una auténtica revolución que trae Internet y que se incorpora a nuestra visión de la realidad aumentándola, aunque sujeta a numerosos problemas por la privacidad.

Un futuro apasionante que ya es presente, porque todos estos nuevos dispositivos están ya comercializándose y, en cuanto comiencen a popularizarse, cambiarán de nuevo la forma que tenemos de comunicarnos, aunque el fondo sea el mismo: **convivir conectados en tiempo real en una sociedad aumentada.**

http://www.contunegocio.es/marketing/14-tendencias-
geolocalizacion-2014/

2013 ha sido apasionante en lo que a geolocalización se refiere, con numerosos cambios, nuevas herramientas, la consolidación de algunas propuestas y el nacimiento de otras. Para 2014 hay muchas tendencias que van a seguir haciendo que la geolocalización aporte una parte muy importante del dónde a los negocios. En este *post* se resumen 14 tendencias que posiblemente ayuden a tu negocio a mejorar durante este año:

- Más SoLoMo (Social, Local y Móvil). El término SoLoMo se ha popularizado mucho, pero la clave de su evolución estará en incorporar la **variable comercial**; no se trata sólo de promocionar, sino también de convertir en venta.

- <u>Tiempo real</u>. Cada minuto se genera una enorme cantidad de información, mucha de la cual tiene un claro componente de geolocalización. Los usuarios aportan información en sus redes sociales y las empresas necesitan monitorizarla para conocer cómo se comportan y poder acercarles sus productos y servicios en tiempo real.

- <u>Realidad aumentada</u>. En 2013 se produjo el lanzamiento masivo de esta tecnología y una cierta popularización, pero será en 2014 cuando se conozca su impacto en el mercado. El peligro vendrá si es superada por otras tecnologías, que pueden convertirla en obsoleta antes de que alcance una cuota de mercado suficiente.

- <u>Movilidad</u>. Cada vez hay más dispositivos móviles, como las gafas de Google y otras marcas con productos similares, como los relojes inteligentes, las pantallas flexibles... El mercado se inunda de nuevos dispositivos que no dejan de ser herramientas que incorporan Internet a nuestra vida diaria.

- <u>"Gamificación"</u>. El uso de las técnicas de juego como elemento de desarrollo de los negocios, tanto a nivel interno por parte de las empresas para estimular la productividad, como a nivel externo para llegar a los clientes de forma más creativa y entretenida generando experiencias distintas.

- **Big Data**. Datos, datos y más datos, que siguen produciéndose en volumen, variedad y velocidad. La captura de esos datos, pero sobre todo la capacidad de interpretarlos desde el punto de vista espacial, es clave y el geomarketing evoluciona hacia ello.

- **Reputación** *online*. Cada vez más los clientes se guían por los comentarios que hacen los usuarios en sus redes sociales sobre determinados productos o servicios. La reputación *online* va a ser clave en el desarrollo de los negocios, que no sólo tendrán que tener un buen producto, sino hacer que los clientes hablen bien de él.

- **Google Local**. El gigante de la comunicación sigue apostando por nuevas herramientas con componentes de geolocalización, aunque quizás el centro de su estrategia sea Google Local. Las valoraciones cualitativas y puntuaciones en esta herramienta serán muy importantes para el posicionamiento natural en el buscador, pero también en el posicionamiento en Google Maps, en Google Plus y para los hoteles en Google Hotel Finder.

- Google Photos. El uso de las fotos de los negocios de Google seguirá creciendo y se convertirá en una herramienta primordial en la competitividad y un valor añadido, sobre todo si se logra que las visitas virtuales se traduzcan en reservas y ventas.

- IDE (**Infraestructura de Datos Espaciales**). La homogeneización de la cartografía pública por parte de los estados ha alcanzado su grado de madurez; este año será clave para consolidar este proceso, que está creando un lenguaje común de los datos cartográficos y al que pueden acceder todos los ciudadanos de cualquier país.

- Mapas colaborativos. Los mapas compartidos por las personas son un movimiento que sigue creciendo día a día. Quizás la herramienta más conocida sea OpenStreetMap, pero otras organizaciones y empresas permiten que se generen y compartan mapas y datos geográficos basándose en la inteligencia colectiva y la colaboración.

- <u>Geolocalización social</u>. Prácticamente todas las redes sociales han desarrollado un sistema de geolocalización de su información y a partir de ahí se obtienen datos cuantitativos del comportamiento de los usuarios y datos cualitativos de su opinión.

- <u>Publicidad</u>. Cada vez son más importantes las ventas a través de la publicidad geolocalizada. Google tiene su modelo de negocio en la publicidad; Facebook y Twitter apuestan también por ésta y en todas las campañas el ámbito espacial es básico, por lo que las ventas basadas en la geolocalización del negocio serán un motor para el crecimiento.

- <u>Privacidad</u>. La privacidad en la geolocalización no acaba de ser segura, continúa siendo uno de los elementos más controvertidos. Aunque este año se ha controlado mucho más, es cierto que sigue habiendo muchas herramientas que generan datos que permiten localizar esa información y muchas veces el usuario no es consciente de ello.

En la siguiente infografía, creada *ad hoc* por Francis Ortiz (@fortizcrea) para ilustrar este artículo, se resumen las 14 tendencias de las que hemos hablado.

http://www.contunegocio.es/gestion/7-modelos-negocio-distribuir-contenidos-internet/

En muchas ocasiones tenemos una idea para desarrollar o un proyecto donde convergen los elementos social, local y móvil (SoLoMo), pero no sabemos bien cómo rentabilizarlo. Es necesario hacer una reflexión previa y tener en cuenta cuál es el modelo de negocio que vamos a utilizar.

Por otra parte, el elemento básico de un negocio es **el producto o servicio** que se vende y **el contenido** que se genera para mostrarlo. Pero la clave está en distribuirlo. Por eso en este artículo vamos a realizar un repaso general sobre los actuales modelos de negocio identificados en la web para distribuir contenidos digitales.

Los **contenidos digitales**, además de ser una nueva modalidad tecnológica para la distribución, comercialización y el consumo de los contenidos, abren la puerta a nuevos modelos de negocio y dan oportunidades a los agentes que participan en la cadena de valor de los contenidos y a otros nuevos entrantes.

Algunos autores, como Afuah y Tucci (2001), establecen que un modelo de negocio debe definir la forma en la que las empresas planifican hacer dinero a largo plazo usando Internet.

Tipos de modelos de negocio para la distribución de contenidos

1.- Modelo de corretaje (*Brokerage*). Los corredores (*brokers*) son creadores de mercados: ellos atraen y enlazan a compradores y vendedores y facilitan las transacciones.

2.- Modelo del comerciante (*Merchant*): mayoristas y minoristas de bienes y servicios. Las ventas pueden estar basadas en listas de precios o en subastas. Engloba a distribuidores de bienes y servicios, tanto mayoristas como minoristas. El núcleo del negocio es la venta, aunque se pueden presentar de muy diversas formas, tales como subastas, venta directa de almacén, tiendas que ofrecen sus productos *online*, venta de *bits* (música, *software*, libros).

3.- Fabricante (Modelo directo): está fundamentado en la capacidad de la web para permitir a un fabricante (por ejemplo una compañía que crea un producto o servicio) encontrar compradores directos y de ese modo reducir el número de agentes del canal de distribución. El modelo debe estar basado en optimizar la eficiencia, mejorar el servicio de atención al usuario y mejorar el conocimiento de las necesidades de nuestros usuarios finales.

4.- Modelo de afiliación: en contraposición con el portal generalizado, que pretende captar un alto volumen de tráfico hacia un único sitio, el modelo de afiliación pretende captar oportunidades de venta en otros portales a través de la transmisión de incentivos económicos a otros portales, que se convierten en afiliados, para que ofrezcan sus servicios a los usuarios. Esto podría hacerse con una cesión de un porcentaje de la venta.

5.- Modelo de comunidad: este modelo se fundamenta en la fidelidad de los usuarios, quienes invierten tiempo y emociones en la comunidad. La ganancia debe basarse en la venta de productos o servicios auxiliares o complementarios al servicio principal, o en contribuciones voluntarias de los usuarios. Otra opción es que la ganancia se consiga a través de la publicidad contextual en los servicios gratuitos, y con cuotas de suscripción en los servicios *premium*.

6.- Modelo de suscripción: se carga a los usuarios una cuota periódica -diaria, mensual o anual- por suscribirse al servicio. Es común en portales que combinan contenidos gratuitos con contenidos o servicios *premium*. Los modelos de suscripción y publicidad se combinan frecuentemente.

7.- Modelo de utilidad o de servicio: Este modelo, también denominado "bajo pedido" (*on-demand*) se basa en el "pago por uso" de un producto o servicio, método de pago inmediato. A diferencia de servicios de suscripción, los servicios medidos están basados en las tasas de uso real.

http://www.contunegocio.es/marketing/15-libros-geolocalizacion-
turismo-leer-verano/

Llega el verano y la actividad en redes sociales se resiente. Es paradójico pero en los períodos vacacionales bajan las estadísticas de uso de las mismas, lo que demuestra en parte que la gente usa las **redes** por motivos **más profesionales** que personales.

Al mismo tiempo es un momento en que podemos bajar el ritmo y recapacitar sobre temas personales y profesionales. En mi caso llevo ya más de tres meses colaborando en este blog y estoy encantado, **GRACIAS** por la confianza que han depositado en mi, por la calidad de mis compañeros y sobre todo por la respuesta de los lectores, que valoran y validan mi forma de acercarles al mundo de la geolocalización y el turismo para PYMES.

Tras años investigando sobre estos temas una de las cosas que hago es de **"Content Curator"**, es decir, filtrar la cantidad ingente de contenidos de la web en mis temas y ofrecerlas al público. En este caso he querido aportar un valor y un resumen "veraniego" de este espacio con la publicación de **15 libros sobre geolocalización y turismo que recomiendo para leer**.

Todos los libros son de **grandes profesionales** y sobre todo aportan una información valiosa para aplicar en los negocios. Depende de las necesidades e inquietudes de cada persona le servirán a unos u otros pero desde luego son muy interesantes y recomendables por su calidad.

Dicen que las ideas no pertenecen a nadie, que si tienes un proyecto en la cabeza en estos momentos hay dos chavales en cualquier lugar del mundo en un garaje desarrollándola. Pues bien, acabando este post me llegó este tweet "premonitorio" de Núria Samper: "@gersonbeltran Hola! Hace tiempo que sigo tu blog y la geolocalización me interesa. Que lecturas veraniegas me recomiendas para saber x?"

Estos son los **15 libros que recomiendo sobre geolocalización y turismo recomendados para tu negocio:**

1.- Future trends in geospatial information management: the five to ten year vision United Nations Initiative on Global Geospatial Information Management

Una recopilación de tendencias sobre geolocalización para los próximos años, imprescindible para saber hacia dónde camina el futuro cercano de Internet.

2.- Foursquare para empresas

Una guía paso a paso muy didáctica sobre el uso de Facebook para empresas. Imprescindible para saber aprovechar esta red social de geolocalización.

3.- Herramientas de procesado y visualización de datos

Si quieres ahondar un poco más en este mundo de los mapas y la geolocalización en esta guía se explican los distintos formatos existentes y para qué se usan. Para los más técnicos.

4.- Geolocalización y redes sociales: un mundo social, local y móvil

No sé si queda mal hablar de mi propio libro en mi propia columna pero fue un trabajo intenso el año pasado y resume muy bien los usos que se le puede dar a la geolocalización en Internet agrupado en ocho bloques.

5.- Mapas Invisibles

Un libro muy bueno que ahonda en la importancia de la geolocalización para el Posicionamiento Natural (SEO) y viceversa, así como el uso de las fotografías y sobre todo una base conceptual muy potente sobre estos nuevos conceptos.

6.- Manifiesto Solomo

El manifiesto original que sentó las bases del concepto SoLoMo (Social, Local y Móvil) y que explica de forma muy clara y con gráficos la importancia de la geolocalización como puente entre los negocios locales y los negocios en Internet.

7.- Guía seguridad en geolocalización

Una guía sobre temas de seguridad pero que explica de forma muy sencilla y práctica en qué consiste la geolocalización y los usos que se le puede dar. Muy didáctico y sencillo de leer.

8.- Herramientas Geo para la comunicación

Dentro de la serie de Google para explicar los usos de sus servicios apareció este documento donde se explica de forma sencilla la forma de usar la geolocalización de Google.

9.- When is a map

La importancia de la geolocalización en los negocios locales de Google de forma muy didáctica y práctica, mostrando la importancia de Google Places y cómo usarlo para optimizar los negocios.

10.- Estudio de Mercado de Apps turísticas

Un estudio muy reciente sobre las principales aplicaciones turísticas en España. Muy interesante porque no se limita a describir las aplicaciones sino que las compara y ofrece datos estadísticos globales de sus usos.

11.- Barómetro de Redes Sociales en los destinos turísticos de la Comunitat Valenciana

Estudio pionero centrado en la Comunitat Valenciana y que por primera vez unifica el turismo y las redes sociales y analiza los destinos turísticos de esta región, sentando las bases de este observatorio para el futuro.

12.- Expectativas de turismo 2013

Análisis de cómo está siendo el turismo este año 2013 y que sienta las bases de cómo lo va a ser en los años siguientes desde un punto de vista empresarial y de negocio.

13.- El viajero social 2013

Los turistas son los protagonistas del turismo del siglo XXI y en este estudio se analiza qué claves existen y hemos de conocer para poder interactuar con estos nuevos turistas que tienen más influencia que nunca.

14.- Técnicas de promoción del negocio. Sector turismo

Un libro muy interesante porque realiza una recopilación de las nuevas formas de promoción del negocio turístico e incorpora los conceptos de las redes sociales y de las nuevas tecnologías de la comunicación aplicadas al turismo.

15.- Blogtrip Costa Blanca: Un Viaje a las Emociones

El primer libro que se ha escrito sobre la preparación, desarrollo y análisis de un blogtrip contado de primera mano por Mario Schumacher y sentando las bases de esta nueva forma de promoción de destinos turísticos.

Las aplicaciones móviles tienen cada vez más importancia, cada día salen al mercado muchas de ellas en los principales sistemas operativos: iOS y Android.

La Sociedad Estatal para la Gestión de la Innovación y las Tecnologías Turísticas, S.A.(Segittur), dependiente del Ministerio de Industria, Energía y Turismo, y adscrita a la Secretaría de Estado de Turismo, es la responsable de impulsar la innovación (I+D+i) en el sector turístico español y ha elaborado un magnífico estudio que ha compartido con los usuarios en un documento pdf gratuito: "Estudio de mercado de apps turísticas".

Este proyecto está vinculado al de **Destinos Turísticos Inteligentes,** donde se han analizado las veinte aplicaciones turísticas más descargadas. El estudio introduce unos datos muy reveladores sobre el sector: "Según el Informe Global sobre Contenidos para Móviles realizado por Strategy Analytics, los **ingresos globales obtenidos a través del móvil** (*smartphone* y *tablet*) habrán alcanzado los 114.000 millones de euros en 2012, lo que significa un aumento del 17% respecto a 2011".

Pero además de ello aporta otros datos que refuerzan su importancia: "En el ecosistema móvil, **las aplicaciones representan actualmente la segunda mayor fuente de ingresos** por detrás del consumo de datos, tanto por pago de contenidos como por publicidad. En 2011 se descargaron más de 23.000 millones de aplicaciones en todo el mundo. En 2012 se estima un crecimiento del 38%, hasta alcanzar los 32.000 millones".

Panorama de las *apps* de viajes y turismo

A la hora de hablar de estas aplicaciones se realiza un resumen por sectores que explican muy bien la situación:

Mapas y guías

- Google Maps y Google Earth suman más descargas que todo el resto de sus competidores juntos.

- A pesar del veto temporal de Apple, Google Maps se diferencia de sus competidores y es la más utilizada con 227 millones de descargas.

Transportes

- Las líneas aéreas entran en *smartphones y tablets*. Suponen el 25% de las *apps* más descargadas.
- Kayak y Travelocity encabezan los servicios de compra de billetes multicompañía con reserva de hoteles y otros servicios para el viajero.

Hoteles

- Tripadvisor acapara el 27% del mercado de información, opiniones y reserva de alojamientos con 13 millones de descargas y contenido social.
- Las agencias encabezan el uso de este tipo de *apps*.
- Despuntan nuevos modelos turísticos como Airbnb o Hotel Tonight. Hilton y Marriot, únicas *apps* de marca que entran en el ranking.

Guías de destino

- Lonely Planet y Tripadvisor firman el 50% de las *apps* de destinos más descargadas en el mundo.

- Las aplicaciones de destino se usan en menor medida que otras categorías. La suma del Top 20 supera en poco el millón de descargas.

- El turismo urbano, estrella de las apps más descargadas de destino. España se queda fuera del top 20.

Recomendaciones

- Los recomendadores de hostelería protagonizan el top 20, representando un tercio de las descargas.

- Destaca UrbanSpoon, recomendador de restaurantes social por GPS y por tipos de comidas.

- La empresa española Minube se cuela entre los recomendadores de destino.

Otros

- Las redes sociales se convierten en recomendadores.
- Pinterest lidera esta categoría con más de 40 millones de descargas, seguida de Foursquare con 17 millones.
- Los cupones descuento como Groupon obtienen un alto número de descargas e incluyen ofertas de viaje y ocio en sus contenidos.

El estudio de **las 20** *apps* **más descargadas** no solo sirve para que las conozcamos como usuarios, sino para ver qué está funcionando y la utilidad que podemos obtener de ellas en nuestro negocio.

- Lonelyplanet: un clásico bien reinventado.
- Tripadvisor: el "amigo" del viajero.
- New York City Guide: la opinión de los usuarios se convierte en guía.
- San Francisco Recreation&Parks: datos públicos al servicio del ocio.
- Beatles walk London: el turismo temático es posible...con aplicaciones móviles.
- Tripwolf: el *best seller* de las guías locales.

- Fotopedia Heritage: la vuelta al mundo desde la tableta.

- Logroño.es: el apoyo al comercio local.

- Urbanspoon: el *maître* de los que están dispuestos a gastar.

- Taxi magic: el pago con móvil llega al taxi.

- Berlin, *wallpaper city guide*: lo exclusivo se queda atrás.

- Bestparking: aparcar por fin es fácil.

- Alltrails, Liking&biking: la excepción (de éxito) al turismo urbano.

- Field trip: un "chivato" *cool.*

- Airbnb: la revolución del alojamiento.

- Minube: la gran guía social en España.

- iPlaya: las playas españolas en la palma de tu mano.

- Esquiades: el rey del invierno.

- Waze: la información del tráfico es nuestra.

- El tenedor: la ventana al pequeño restaurante.

Tras esto desarrolla una serie de **conclusiones** en torno a los siguientes temas que pueden consultarse en el documento:

- Revolución *app*, revolución del viaje.

- Un mercado incipiente.

- Funcionalidades clave.

- Claves de futuro.

- El ciclo del viajero.

- Sistemas operativos.

- Modelo de negocio y *players*.

- *Roaming*.

- Usabilidad/Diseño.

- Las *apps* en España.

Y, por último, realiza una recopilación de lo que denomina los 10 mandamientos de las *apps* turísticas:

1. Empieza por el mapa y un servicio de geolocalización.
2. El contenido generado por usuarios (UGC).
3. Especialización.
4. Servicios conectados.
5. Sin promoción, no existes.
6. Facilita el pago a través del móvil.
7. Piensa en nativo.
8. Valora más opciones.
9. "Gamificación".
10. *Roaming*.

http://www.contunegocio.es/comunicacion/donde-encontrar-informacion-sobre-geolocalizacion-para-tu-negocio/

Hay un término que define muy bien nuestro día a día: **"infoxicación"**, una intoxicación de información que hace que sea imposible estar al día de todo y que muchas veces nos desborda. Para poder estar al día sin morir en el intento podemos recurrir a varios recursos, entre ellos seguir a personas o páginas de interés.

Los **content curator** son una especie de *comisarios de contenidos*, personas que están muy especializadas en un tema y que podemos seguir para conocer lo más relevante de su sector, ya que su profesionalidad y su criterio hacen que tengan una alta fiabilidad. Por otra parte, también disponemos de páginas y blogs de empresas que facilitan información muy interesante.

En este *post* quiero mostrar cómo me organizo yo **para estar al día de todas las novedades** en torno al mundo de la geolocalización:

- Las alertas de Google: se pueden generar alertas de forma muy sencilla para que una vez a la semana nos llegue información sobre un tema determinado. En mi caso, además de diversos nombres de proyectos, tengo alertas de mi nombre y sobre geolocalización, geomarketing, geoposicionamiento, geoturismo y mapas Valencia.

- **Los agregadores de contenidos:** antes usaba Google Reader, pero al desparecer me pasé a Feedly, sigo unos 3o blogs divididos en categorías, una de las cuales es geolocalización. Todos los días tras revisar el correo y las redes entro y leo los titulares, abriendo aquellos *posts* o noticias que me parecen relevantes para leer o compartir.

- **Las redes sociales:** lógicamente son una buena fuente de información, en este caso me gusta mucho el uso de los *hashtags*, ya que se trata un lenguaje común a las principales redes (Facebook, Twitter, Google Plus e Instagram) y permiten seleccionar conversaciones y personas en torno a temas relevantes.

Así pues, de entre todas las personas y páginas que existen por las redes, yo recomiendo seguir estas diez para estar al día de todo lo relacionado con la geolocalización. Seguro que hay muchas más, pero éstas son **imprescindibles** en mi repaso diario:

1. Google Maps Manía: se trata de un blog no oficial de Google Maps, pero que aporta mucha información sobre lo que se está haciendo en el mundo con los mapas, aplicaciones y herramientas de Google Maps. Imprescindible para conocer todas las posibilidades que existen y lo que la gente hace.

2. Blog IDEE: se trata del blog de la comunidad de Infraestructura de Datos Espaciales de España (IDEE), que cada día nos muestra noticias alrededor de la cartografía oficial y el trabajo realizado para homogeneizar los datos geográficos. Aporta noticias muy profesionales y actuales, pero tratadas de forma amena.

3. La Cartoteca: todo un mundo de mapas, un blog de Alejandro Polanco (@alpoma), de los primeros

que empecé a seguir hace años y que aporta información muy trabajada e interesante sobre el mundo de los mapas, desde un criterio muy personal a la vez que profesional. Para amantes de las curiosidades cartográficas.

4. Ambientes geográficos: un blog escrito mayoritariamente en portugués sobre la geografía con referencias a eventos, documentos y noticias muy diversos. Escrito por Paulo Carvalho y Lisete Osorio, dos jóvenes lusos que trabajan a caballo entre España y Portugal y que aman su trabajo y eso se nota en su blog.

5. Francisortiz: un blog de Francisco Ortiz, un auténtico todoterreno en todo lo que tiene que ver con fotos de negocios de Google, Google Apps, realidad aumentada, geolocalización y tecnología. Además también se le puede encontrar en el blog de Unmundoaumentado con ejemplos prácticos y últimas tendencias. Un profesional imprescindible dentro de esta especialidad, no sólo sabe de lo que habla, sino que predica con el ejemplo, con gran interés en compartir la información y en el desarrollo de proyectos colaborativos.

6. **Orbemapa**: el mundo de los mapas, uno de los mejores blogs que conozco y de los más especializados. A través de él, Jorge del Río reflexiona y analiza desde la teoría pero con ejemplos prácticos la nueva cartografía. Todo un referente, un profesional al que admiro y que ha sentado las bases en su magnífico libro "Mapas invisibles".

7. **Terrasit**: se trata de un blog del Institut Cartogràfic Valencià (ICV) que habla sobre todo lo que se hace de cartografía oficial a través del geoportal Terrasit en la Comunidad Valenciana. Es un blog que gestiono yo con los contenidos que me aporta la institución, pero humildemente considero que aporta una información muy valiosa, aunque a escala regional.

8. **Blog oficial de Google España**: "toda la información sobre lanzamientos, tecnología, innovación y cultura de la empresa". Aunque no siempre habla de geolocalización, lo cierto es que aporta las últimas novedades a tiempo real de Google y muchas de ellas están vinculadas con sus herramientas de mapas con lo más innovador e interesante del panorama actual.

9. **Geoinformación**: Juan Carlos Sierra es un

profesional afincado en Barcelona que trabaja sobre todo las herramientas de Google y la geolocalización. En su blog podemos estar al día de todas las novedades de Google explicadas de forma tremendamente didáctica y útil. Otro de los blogs que más me aportan y que más útil puede ser para los negocios locales.

10. Arellano Comunicación: una gran comunicadora ganadora de los prestigiosos premios "Victory Awards" en la categoría de "Blog político educativo 2014", aunque realmente Ana habla de política y comunicación, tiene una sección específica sobre geolocalización social en política, en la que hace algunos de los mejores análisis existentes en la red sobre el uso de la geolocalización en su parcela de trabajo. Imprescindible.

Sobre el autor

Licenciado en Geografía y Postgrado en Análisis geográfico Regional por la Universitat de València, Sistemas de Información Geográfica por la Universitat de Girona y Turismo Cultural por la Fundación Cañada Blanch. Ha sido presidente de la Delegación Valenciana del Colegio de Geógrafos durante 5 años. Autor del libro **"Geolocalización y Redes Sociales: un mundo social, local y móvil"** y del ebook "Introducción a las redes sociales en Internet".

En la actualidad combina su labor como docente con la consultoría:

Profesor asociado de Análisis Geográfico Regional de la Universitat de València y profesor invitado de otras universidades, **profesor** de los cursos de Redes Sociales de la **Diputación de Alicante** (#ladipu2o). **Director** de la edición de Valencia del **Master #cmua** en Dirección de Redes Sociales y Marketing Digital de Fundeun y **conferenciante y docente** en geolocalización, redes sociales y turismo.

Gerente **de Geoturismo**, Social Media Manager en el **Institut Cartogràfic Valencià (ICV)**, consultor en la **Federación Empresarial de Hostelería de Valencia (FEHV)** y colaborador semanal en el **blog Con Tu Negocio de MoviStar.**

http://gersonbeltran.com